环境科学本科专业核心课程教材

DATA ANALYSIS AND
Visualization for Atmospheric Environment Monitoring

大气环境监测数据分析与可视化

吴志军　裘彦挺 ◎编著

北京大学出版社
PEKING UNIVERSITY PRESS

图书在版编目(CIP)数据

大气环境监测数据分析与可视化/吴志军,裴彦挺编著.—北京:北京大学出版社,2023.5

环境科学本科专业核心课程教材

ISBN 978-7-301-33940-4

Ⅰ.①大… Ⅱ.①吴… ②裴… Ⅲ.①大气监测—数据处理—高等学校—教材 Ⅳ.①X831

中国国家版本馆 CIP 数据核字(2023)第 066889 号

书　　　名	大气环境监测数据分析与可视化	
	DAQI HUANJING JIANCE SHUJU FENXI YÜ KESHIHUA	
著作责任者	吴志军　裴彦挺　编著	
责 任 编 辑	王树通	
标 准 书 号	ISBN 978-7-301-33940-4	
出 版 发 行	北京大学出版社	
地　　　址	北京市海淀区成府路 205 号　100871	
网　　　址	http://www.pup.cn　新浪微博:@北京大学出版社	
电 子 信 箱	zpup@pup.cn	
电　　　话	邮购部 010-62752015　发行部 010-62750672　编辑部 010-62764976	
印 　刷 　者	北京溢漾印刷有限公司	
经 　销 　者	新华书店	
	787 毫米×1092 毫米　16 开本　13.25 印张　2 彩插　213 千字	
	2023 年 5 月第 1 版　2023 年 5 月第 1 次印刷	
定　　　价	39.00 元	

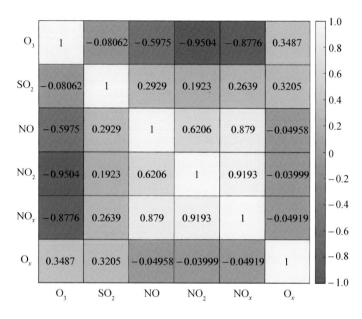

图 5-12　不同污染物的相关性热图

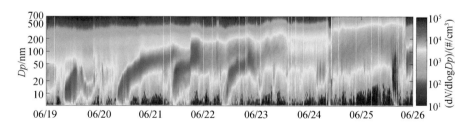

图 5-13　颗粒物数浓度谱时间序列图

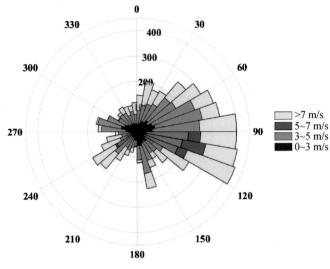

图 8-4　风玫瑰图

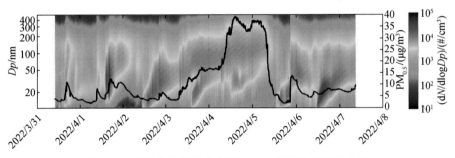

图 10-2　颗粒物粒径谱分布及 $PM_{0.5}$ 质量浓度时间序列

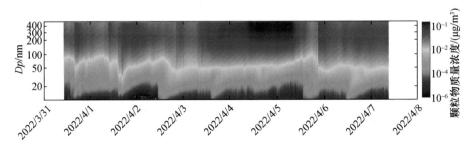

图 10-3　颗粒物质量浓度谱分布

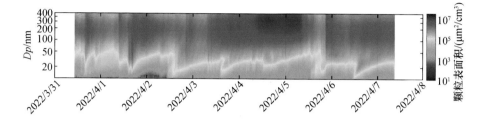

图 10-4　颗粒物表面积谱分布

图 11-6　真彩图（a）与其对应的红色通道（b）、绿色通道（c）
以及蓝色通道（d）的灰度图像

a. 真彩图　　　　　　　　　　　b. 灰度图

图 11-7　真彩图(a)与加权平均法计算得到的灰度图(b)

a. 原始图像　　　　　　　　　　b. 灰度图像

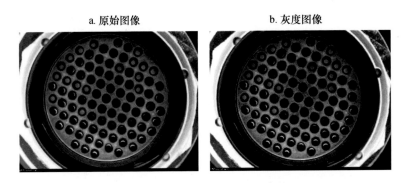

图 11-8　冷台实验的原始图像(a)及对应的灰度图像(b)

随着生态环境监测的不断发展与大数据时代的来临，大气环境监测的时间尺度和空间范围不断扩大。如何快速、深入地挖掘分析大量的监测数据并将其可视化，已经成为从业人员必须面对的问题和挑战。因此，掌握一门数据处理与可视化的编程语言已经成为当前开展大气环境监测数据分析工作的基础。

MATLAB 作为"科学计算的语言"，具有计算效率高、用户界面友好、扩展功能丰富等特点，更由于其在数据处理与绘图方面的强大功能，受到业务和科研人员的广泛认可。长期以来，在大气环境监测领域一直缺少相关的教材，可以使得读者能够系统地了解 MATLAB 程序设计在大气环境监测领域中的应用。

由此，作者基于在大气环境监测数据分析中使用 MATLAB 的经验，按照 MATLAB 程序设计基础及其在大气环境监测中的实战应用两个模块进行梳理，编写了此书。在程序设计基础中，讲解了 MATLAB 的基本编程语言、数据类型、数据读取与处理、程序设计结构，以及数据可视化；在实践应用模块中，讲解了常见的在线大气环境监测仪器的数据处理、可视化和数据的深度分析。此外，本书还简单讲解了人工智能中的机器学习与图像识别在大气环境监测中的应用，为大气环境监测数据分析提供了新方法与新思路。

本书主要面向大气科学与环境科学领域的高校本科生、研究生，相关的科技工作人员等。本书语言简洁，实用性强，适合对 MATLAB 程序设计零基础的初学者使用。通过本书的学习，读者可以熟练编写简单的 MAT-LAB 程序，以应对大量环境监测数据的处理与分析工作。

本书由吴志军主持编写，参与编写的主要人员有裴彦挺、王均睿、满睿琪、陈景川、张萃琦、孟祥馨悦、刘玥晨、杨佳炜、房文旭等共十人。本书编写过程中参考了 MathWorks 网站上对于各函数的介绍内容。书中所有内容仅代表编写人员的个人观点。

由于作者水平有限，书中难免存在不足之处，欢迎读者朋友指正，也希望有幸能分享到大气科学与环境科学工作者在使用本书过程中的意见和建议，以期共同提升本书的质量。

编者

2022 年 12 月

目 录

第一部分

MATLAB编程基础

1.1 编译环境的搭建

在下载 MATLAB 之前，需确认本地计算机的硬件条件满足 MATLAB 软件的需求。根据官方文档，基础配置为：AMD 或 Intel 主频不低于 2.0 GHz 的 x86 处理器，2 GB 内存，80 GB 剩余硬盘空间，Windows 或任意基于 Linux 的系统。由于新版 MATLAB 对硬件的要求提高，推荐的配置为：不低于 Intel Core i3-8100 或 AMD Ryzen R3 1200 的 x86 处理器（或非 x86 架构的 Apple M1 处理器），每个物理核心分配不低于 2 GB 内存，不低于 100 GB 剩余空间的固态硬盘，Windows 7 或相当于 Ubuntu 16.4 及以上的 Linux 操作系统（或 mac OS Catalina）。确认操作系统后，在 MATLAB 官方网站（中国区为 https：//ww2. mathworks. cn/）下载 MATLAB 的任意版本。本书中，将全部以 Windows 10 系统下的 MATLAB R2020b 作为运行环境。

进入 MATLAB 官网主页（图 1-1）后，点击右上角的"获取 MATLAB"进入下载页面。

图 1-1 MATLAB 官网主页

之后，可以根据实际情况，选择试用版、校园版或购买 MATLAB，或直接点击下方的最新版 MATLAB 获取链接进入下载页面（图 1-2）。

图 1-2　MATLAB 下载页面（第一步）

之后，点击方框中的下载 R2020b 或下载其他任意版本的 MATLAB（图 1-3）。如没有购买 MATLAB，可以在右侧申请试用版。如选择下载，网站将要求登录 MathWorks 账号，如有账号，输入账号密码即可。

图 1-3　MATLAB 下载页面（第二步）

随后，根据操作系统选择下载相应版本的 MATLAB（共 Windows、Linux、mac OS 三个操作系统可以选择）（图 1-4）。之后，电脑系统会获取一个 MATLAB 安装器（Windows 版大小约 210 MB），后续的步骤需要通过

图 1-4　MATLAB 下载页面（第三步）

这一下载器进行。

　　进入安装器后，第一步需要输入 MathWorks 账号和密码，同意条款后，选择对应的许可证号（或输入购买的许可证号），确认后选择安装的文件夹。若有条件，一般不建议安装到系统盘。然后，选择需要安装的产品（图 1-5）。

图 1-5　MATLAB 安装页面

如果硬件条件允许，建议此处选择全部安装，以避免后续出现无法调用工具，需要再下载安装的情况。点击"下一步"后，确认文件安装的位置和需要的磁盘空间，然后再点"下一步"，即可开始下载和安装。结束后，在开始菜单点击 MATLAB，即可开始运行。

1.2 MATLAB 基础介绍

1.2.1 命令行窗口中的常用操作指令

命令行窗口是直接通过输入指令进行控制的窗口。输入指令后，按回车键即可运行指令。命令行窗口通常在处理一些比较简单的指令或临时处理数据时使用。命令行窗口中的常用指令如表 1-1 所示。

表 1-1　命令行窗口的常用指令

命　令	功　能	命　令	功　能
clc	命令行窗口清屏	load	加载文件或变量
clear	清空变量	path	显示搜索路径
close	关闭文件	quit	退出 MATLAB
clf	清空图形窗口	save	保存变量
dir	显示当前目录文件	what	列出目录下的 MATLAB 文件
disp	显示变量或文字的内容	which	定位 MATLAB 文件路径
hold	保持图形命令开关	who	列出工作空间的变量
help	显示帮助文档	whos	详细列出工作空间的变量
cd	显示或改变工作目录	pack	整理内存碎片
clearvars	选择性清除或保留变量		

下面，将对这些指令做具体解释。

clc：命令行窗口已经有了很多运行过的信息，此时如果想更直观地看到后面将要输入的指令产生的结果，可使用 clc 将命令行窗口清屏。

clear：在程序设计的过程中，不免会在前后涉及许多不同的变量，有时这些变量会因为命名相同而导致程序报错。clear 可以清除变量。单独使用 clear 或 clear all，效果为清除当前工作区的所有变量；使用"clear 变量名"则可以清除指定变量名的变量。

close：关闭打开的文件，避免文件调用时出现冲突。

clf：清空图形窗口。

dir：当前目录下的文件较多时，可以使用 dir 以结构体形式查看当前目录下有哪些文件。

disp：程序运行完成后，如果需要将某一变量的内容显示出来，可以使用"disp 变量名"。

hold：如需在同一张图上继续操作其他绘图指令，则使用 hold on；反之，则用 hold off。

help：调用帮助窗口查看官方帮助文档。

cd：当需要调用某文件夹下的程序或文档时，可通过 cd 指定该文件夹。

clearvars：与 clear 类似，当只需要保留某几个变量同时清除其他变量时，可以使用"clearvars -except 需要保留的变量名"实现。

load：加载 .mat 格式的数据文件，.fig 格式的图像，或其他受 MAT-LAB 支持的文件类型。

path：输入 path 指令，显示 MATLAB 搜索路径。

quit：输入 quit 可直接退出 MATLAB。

save：保存变量或图像，变量保存为 .mat 格式，图像保存为 .fig 格式。

what：列出当前目录下的 MATLAB 格式文件。

which：使用"which 文件名"可以查找某个 MATLAB 格式文件的位置。

who：当变量较多时，使用 who 可以列出当前工作区存在哪些变量。

whos：使用"whos 变量名"可列出变量的具体内容。

pack：当发现 MATLAB 没有程序处于运行状态，但电脑内存占用没有显著降低时，可使用 pack 指令整理内存碎片，降低占用。

在命令行窗口和编辑器中，有一些常用的符号有特定的意义，熟练掌握这些符号对后续编程十分重要，列举于表 1-2 中。

表 1-2　MATLAB 中常用的符号及其意义

符号名	表示方式	意　义
空格		用于变量之间的分隔以及矩阵行之间的分隔
逗号	,	用于要显示结果的命令之间的分隔，用于输入变量之间的分隔，用于数组行之间的分隔
分号	;	用在语句结尾表示不显示运行结果，用在矩阵中表明列分隔
冒号	:	按一定规则生成连续一维数组
百分号	%	注释，该行百分号后面的部分不作为程序的一部分运行
单引号	' '	用于声明字符串
圆括号	( )	引用数组，调用函数，确定算术运算的优先顺序
方括号	[ ]	用于构成向量和矩阵，用于函数输出列表
花括号	{ }	用于操作元胞数组
下划线	_	变量或文件名之间的连字符，"-"不是 MATLAB 的合法字符
续行号	…	表明在此符号后，下行内容是上行内容的延续
at 号	@	在函数名前构成函数句柄，或放在目录名前构成用户对象类目录

1.2.2　MATLAB 程序的运行方式

在 MATLAB 中通过程序处理数据，主要有两种方式：简单的命令可以直接通过命令行窗口输入程序，按回车键运行；复杂的程序需要编写脚本，然后运行整个程序。MATLAB 的程序运行以行为基本单位，即"运行完一行，再运行下一行"。而遇到结构体时，则是运行完一个结构体，再运行结构体之后的部分。

在 MATLAB 中，有两种常见的提示，分别是错误（error）和警告（warning）。error 说明程序的编写中出现了导致程序无法继续运行的错误，需要对出现错误的位置进行更正和调试。如果出现的错误不被修正，则程序会停止在出现错误的行，在命令行窗口中会提示出现错误的原因。而 warning 本身并不影响程序的运行，只是提示在程序运行的过程中，涉及例如对已有文件的写入、某个循环变量需要不断增加内存空间等情况。

下面，简单总结 MATLAB 中最常遇到的 error 及其对应的排查方法：

（1）Subscript indices must either be real positive integers or logicals

释义：下标索引必须是正整数类型或者逻辑类型。

错误原因：在操作矩阵（包括向量、多维数组）的过程中，下标索引出现了非正整数（0、负数、小数）。注意：MATLAB 默认的起始值一般是 1，而 C、Python 等其他编程语言中则一般是 0。

（2）Undefined function or variable "X"

释义：没有定义的函数或变量 X。

错误原因：MATLAB 的变量在使用前不必先定义，但是如果发生使用未出现的变量给其他变量赋值的情况，则会提示变量未定义的错误。

（3）Matrix dimensions must agree

释义：矩阵维度必须一致。

错误原因：在进行矩阵运算（包括+、−、＊、／、.＊、./）时，如果两边的运算对象不满足线性代数中的运算条件，则会报矩阵维度不一致的错误。

（4）One or more output arguments not assigned during call to "function"

释义：在调用 function 函数过程中，一个或多个输出变量没有被赋值。

错误原因：输入的变量不足以运行函数，或输入变量的格式不正确。检查函数的输入输出格式后，调整输入值再试。

（5）Index exceeds matrix dimensions

释义：索引超出矩阵范围。

错误原因：程序运行时，调用了超出矩阵范围的数值，这一错误常出现在循环结构体中。设置断点检查出报错行，修改结构体。

1.3　本书各章内容简介

本章介绍了 MATLAB 的安装、对编译环境的认识以及常见的 MATLAB 基本指令等。本书其他章节的内容如下：

第 2 章：数据类型。从最简单的数据类型，即向量和矩阵入手，讲解矩阵、数组、字符串和结构数组。通过本章学习，可对 MATLAB 中的数据类型和数据格式有基本的认知。

第 3 章：数据的读取与存储。以大气环境监测中各种自动监测仪器产生的数据为例，讲解各种文件和数据类型的处理与读取方式。在学习第 3

章后，可以简单地对仪器生成的数据进行处理。

第4章：程序设计与自定义函数。讲解在程序设计过程中，若简单函数无法实现功能，如何通过编写一个较复杂的程序来实现需求。主要内容包括：循环、条件语句、嵌套、迭代以及自定义函数等。通过第4章的学习，可以满足较复杂的或特定条件的数据处理的需求。

第5章：数据清洗与可视化。本章讲解在实际数据处理过程中，如何对各种仪器所产生的坏点与异常值等数据进行清洗，以及在实际数据处理过程中如何对满足条件的数据进行筛选等的程序设计。同时，本章还围绕作图这一常见应用，讲解散点图、曲线图、箱线图、三维图形与地图等的绘制。通过第5章的学习，可以将处理出的数据结果进行可视化，直观表达数据的部分结论。

第6章：MATLAB高级应用。讲解拟合、简单的机器学习与人工智能、GPU加速运算以及程序设计优化等方面的程序设计基础。本章把上述章节的知识进一步深入，追踪当前热点，介绍在MATLAB中可以实现的部分高级应用。通过第6章的学习，可以了解简单的机器学习、GPU加速，以及对已有程序进行优化等。

此外，本书的第二部分始于第6章结束之后。第二部分以大气环境监测中的实际案例为切入点，从数据获取、数据读取、数据筛选和清洗到作图，提供了部分常见程序的设计方法与源代码。第二部分主要为本书的学习者提供实际案例，其中的代码和程序设计思路可供读者在实际工作和数据处理过程中参考。

本书的第一部分内容主要参考了MATLAB的帮助中心（https：//ww2.mathworks.cn/help），读者在进行程序设计时，如对各种函数和指令的使用有疑问，也可直接查询MATLAB帮助文档。还需要说明，本书中所有监测数据均不是真实值，已做随机干扰处理，仅作本书案例使用。本书所有案例所用到的数据可通过扫描左侧二维码下载。

第2章　数据类型

了解 MATLAB 中的数据类型是编写大气环境监测数据处理程序的基础。通常用到的数据类型包括数值型（矩阵和数组）、字符和字符串、日期和时间、结构体与元胞数组。本章将结合环境监测数据的处理需求介绍几种主要的数据类型的含义和用法。

2.1　数值型（矩阵和数组）

MATLAB 中的矩阵和数组为数值型，下面主要介绍矩阵和数组的创建、基本运算等操作。

2.1.1　矩阵和数组的定义与创建

MATLAB 以矩阵作为数据操作的基本单位。由 $m \times n$ 个数 $a_{ij}(i=1, 2, \cdots, m; j=1, 2, \cdots, n)$ 排成的 m 行 n 列数表，称为 $m \times n$ 矩阵。数组是具有相同数据类型的数据组合，一维数组即向量，二维数组相当于矩阵。一维数组也可以被称为行矩阵或列矩阵。

创建矩阵和数组的最简单方式是直接在命令行窗口中输入矩阵名称并进行赋值，具体方法为

$$\text{Var} = \begin{bmatrix} a_1, & a_2, & a_3 \cdots \end{bmatrix}$$

其中，Var 为创建的矩阵或数组的名称，方括号中的内容为 Var 矩阵对应的值。在 MATLAB 中，不同的行之间使用分号进行分隔，不同的列之间使用逗号或空格进行分隔。下面具体讲解一维和二维数组的创建方法。

1. 一维数组

直接输入：$a = [1\ 2\ 3\ 4]$，或 $a = [1,2,3,4]$

步长生成方法：$x = a : \text{inc} : b$

等间距线性生成方法：$x = \text{linspace}(a,b,n)$，在 a 和 b 之间得到 n 个线性数据点。

等间距对数生成方法：$x = \text{logspace}(a,b,n)$

2. 二维数组

直接输入：二维数组的行和列可以通过一维数组的方式来创建，不同行之间的数据通过分号进行分隔，例如 $a = [1\ 2\ 3; 4\ 5\ 6; 7\ 8\ 10]$。

大量的数据通过数据表格的形式来输入：import data。

通过 MATLAB 提供的函数生成二维数组。

3. 特殊矩阵

具有特殊形式的矩阵称为特殊矩阵。常见的特殊矩阵有零矩阵、单位矩阵、魔方矩阵等，创建特殊矩阵的函数如表 2-1 所示。

表 2-1　创建特殊矩阵的函数

函　数	命令格式	说　　明
zeros	zeros (m, n)	建立一个 m 行 n 列的全 0 矩阵或数组
eye	eye (m, n)	建立一个 m 行 n 列的矩阵，对角线元素是 1，其他位置元素是 0
magic	magic (m, n)	建立一个 m 行 n 列的魔方矩阵，其行、列及对角线元素之和相等
rand	rand (m, n)	建立一个 m 行 n 列的随机数矩阵
[ ]		空矩阵

2.1.2　矩阵的基本操作

在创建矩阵或数组后，需要对矩阵或数组进行操作。矩阵的基本操作包括：

1. 矩阵的索引与提取

矩阵中的每一个元素都有一个对应的位置，根据元素在矩阵中的位置访问元素，即矩阵的索引。熟练掌握矩阵索引的应用方法对数据处理十分关键。矩阵索引的方法主要有三种：按位置索引、线性索引和逻辑索引。通过矩阵索引，可以通过提取矩阵中的某部分来生成新的矩阵。新矩阵可以是原矩阵的某几行和/或某几列。注意索引数组时不要超出矩阵的大小，否则会报"索引超出矩阵维度"的错误。

$A(m,n)$：索引矩阵 A 第 m 行第 n 列的元素；

$A(:,n)$：索引矩阵 A 所有行的第 n 列元素；

$A(m,:)$：索引矩阵 A 第 m 行的所有列元素；

$A(:)$：将 A 中的所有元素重构成一个列向量；

$A(a)$：线性索引，即输入单值索引，返回每一列排序的第 a 个数值；

$A(j:k)$：使用向量 $j:k$ 对 A 进行索引，因此相当于向量 $[A(j)$, $A(j+1)$，$\cdots$，$A(k)]$；

$A(m:\mathrm{end},n:\mathrm{end})$：索引矩阵 A 的第 m 行至最后一行，第 n 列至最后一列元素；

$A([a\ b\ c\ d],:)$：索引矩阵 A 指定的第 a，b，c，d 行，构成新的矩阵；

$A(:,[e\ f\ g\ h])$：索引矩阵 A 指定的第 e，f，g，h 列，构成新的矩阵。

2. 矩阵的串联

将现有矩阵连接在一起创建新矩阵的方法称为串联。常见的串联函数如下：

（1）**cat 函数**

$C = \mathrm{cat}(\mathrm{dim},A,B)$：沿维度 dim 将 B 连接到 A 的末尾；

$C = \mathrm{cat}(\mathrm{dim},A_1,A_2,\cdots,A_n)$：沿维度 dim 串联 A_1，A_2，$\cdots$，A_n。

（2）**horzcat 函数**

$C = \mathrm{horzcat}(A,B)$：将 B 水平连接到 A 的末尾；

$C = \mathrm{horzcat}(A_1,A_2,\cdots,A_n)$：水平串联 A_1，A_2，$\cdots$，A_n。

（3）**vertcat 函数**

$C = \mathrm{vertcat}(A,B)$：将 B 垂直串联到 A 的末尾；

$C = \mathrm{vertcat}(A_1,A_2,\cdots,A_n)$：垂直串联 A_1，A_2，$\cdots$，A_n。

需要注意的是，水平串联矩阵时，其行数必须相同；垂直串联矩阵时，其列数必须相同。在 cat 函数中，dim 可以为 1 或 2，1 表示按列串联，2 表示按行串联。直观地说，如果有两个矩阵 A 和 B，dim = 1 等价于 $[A; B]$ 或 vertcat(A, B)；dim = 2 等价于 $[A\ B]$ 或 horzcat(A, B)。当串联多个矩阵时，规则相同。

3. 矩阵的扩展、行和列的删除

矩阵扩展，即将原来矩阵中不存在的内容添加到矩阵中。例如，上面提到的矩阵的串联就是一种矩阵扩展的形式。对于矩阵扩展而言，最方便的方式是直接在矩阵的指定位置赋值，这里的指定位置是超出原矩阵维度的。为了使矩阵仍满足维度要求，会以 0 填充不存在的元素。例如，$A = [1\ 2\ 3; 4\ 5\ 6]$，输入 $A(3,4) = 1$，输出的结果 $A = [1\ 2\ 3\ 0; 4\ 5\ 6\ 0; 0\ 0\ 0\ 1]$。

矩阵的删除可以通过设置矩阵的某一行或某一列为空矩阵（$[\ ]$）来实现。例如，$A(:,k) = [\ ]$ 即将 A 矩阵的第 k 列删除；同理，$A(k,:) = [\ ]$ 可以将 A 矩阵的第 k 行删除。

4. 矩阵的重构与重排

重构和重排矩阵，即在不改变矩阵元素个数的情况下，按照不同的形状或顺序对矩阵进行改动。这种操作有助于预处理数据，尤其有助于在数据质量较高时提高后续程序编写的效率。常用的命令包括：sort、sortrows、reshape。

（1）sort 函数

sort 函数可以按升序或降序对矩阵的每一行或每一列中的元素进行排序。

$B = $ sort(A)：按升序对 A 的元素进行排序；

$B = $ sort(A, dim)：返回 A 沿维度 dim 排序的元素。

注：dim 的值可以设为 1 和 2，1 表示按行排列，2 表示按列排列。

$B = $ sort$(\underline{\quad\quad}, $direction$)$：使用上述任何语法返回按 direction 指定的顺序显示的 A 的有序元素。

（2）sortrows 函数

sortrows 可对矩阵行或表行进行排序，常用命令如下：

$B = \text{sortrows}(A)$：按照第一列中元素的升序对矩阵 A 的行进行排序。

$B = \text{sortrows}(A, \text{column})$：按照 column 中指定的列对 A 进行排序。

$B = \text{sortrows}(\underline{\quad}, \text{direction})$：按 direction 指定的顺序对 A 的行进行排序。

$B = \text{sortrows}(\underline{\quad}, \text{Name}, \text{Value})$：指定用于对矩阵的行进行排序的其他参数。

（3）reshape 函数

reshape 可重构数组，命令为：

$B = \text{reshape}(A, sz)$：使用大小向量 sz 重构 A 以定义 $\text{size}(B)$。

$B = \text{reshape}(A, sz1, \cdots, szN)$：将 A 重构为一个 $sz1 \times \cdots \times szN$ 数组。

5. 确定矩阵的大小与形状

（1）length 函数

$L = \text{length}(X)$：返回 X 中最大数组维度的长度。

（2）size 函数

$sz = \text{size}(A)$：返回一个行向量，其元素是 A 的相应维度的长度。

$\text{szdim} = \text{size}(A, \text{dim})$：返回维度 dim 的长度。

$\text{szdim} = \text{size}(A, \text{dim}1, \text{dim}2, \cdots, \text{dim}N)$：以行向量 szdim 形式返回维度 dim1，dim2，$\cdots$，dim$N$ 的长度。

$[sz1, \cdots, szN] = \text{size}(\underline{\quad})$：分别返回数组的查询维度的长度。

（3）numel 函数

$n = \text{numel}(A)$：返回数组 A 中的元素数目 n。

实战案例 2-1

下面以大气环境监测中常规气体监测数据为例，对上述矩阵的基础知识应用进行演示。以大气环境监测的六参数为例（数据见表 2-2），现需要将数据输入到 MATLAB 中进行后续的处理：

表 2-2　某监测站 2021 年前 7 天的六参数监测数据　　单位：Hg/m³

日　　期	$c(SO_2)$	$c(NO_2)$	$c(CO)$	$c(O_3)$	$c(PM_{2.5})$	$c(PM_{10})$
2021/01/01	6.3	8.3	262.0	29.0	16.8	33.5
2021/01/02	7.1	14.4	225.5	21.0	19.5	40.0
2021/01/03	7.4	31.3	382.5	20.8	43.0	95.5
2021/01/04	7.2	23.5	292.8	20.8	28.8	52.9
2021/01/05	7.2	21.4	435.5	19.9	40.9	58.8
2021/01/06	6.9	19.4	454.5	28.8	49.9	75.6
2021/01/07	5.6	15.0	583.9	17.7	74.0	116.6

将表 2-2 中的 6 种污染物浓度按照向量的形式输入到 MATLAB 中，每种污染物单独为一个列向量；

提取 2021/1/1—2021/1/3 的六参数测量数据；

按照 O_3 的浓度由低到高的顺序重新排列矩阵。

实战案例 2-1 程序演示：

```
%% 第（1）问
SO2 = [6.3; 7.1; 7.4; 7.2; 7.2; 6.9; 5.6];
NO2 = [8.3; 14.4; 31.3; 23.5; 21.4; 19.4; 15.0];
CO = [262.0; 225.5; 382.5; 292.8; 435.5; 454.5;
    583.9];
O3 = [29.0; 21.0; 20.8; 20.8; 19.9; 28.8; 17.7];
PM25 = [16.8; 19.5; 43.0; 28.8; 40.9; 49.9; 74.0];
PM10 = [33.5; 40.0; 95.5; 52.9; 58.8; 75.6; 116.6];
%% 第（2）问
data = [SO2 NO2 CO O3 PM2.5 PM10];
Day1_3 = data(1: 3,:); %1/1—1/3 的所有数据
%% 第（3）问
datanew = sortrows(data,4); % 按照第 4 列（O3）的顺序
    进行排列
```

2.1.3 MATLAB 的基本运算

1. 数值运算

在 MATLAB 中，运算包括两种类型：数值运算和逻辑运算。数值运算指的是加减乘除四则运算、乘方、开方、对数、指数等数学运算。表 2-3 总结了 MATLAB 中最基本的数值运算表达式。

表 2-3　MATLAB 中常见的数值运算表达式

表达式	含　义	表达式	含　义
+	加法	log	以 e 为底的对数
−	减法	log10	以 10 为底的对数
*	矩阵相乘	log1p	以 e 为底的（1+x）的对数
.*	矩阵对应数值相乘	exp	e 的指数幂
/	矩阵相除	sqrt	开方
./	矩阵对应数值相除	realsqrt	非负实数数组的开方
^	乘方	nthroot	开 n 次方

下面对上述数学运算的符号分别进行讲解。

+、−：矩阵或变量之间做加法、减法；

*、/：当对象为变量时，为变量相乘或相除；当对象为矩阵时，为矩阵相乘或相除；

.*、./：点乘和点除用于计算当对象为矩阵时，矩阵之间的元素做乘除运算；

^：乘方运算，后面跟次方数，如果是表达式，需要用括号表示整体性；

log：以 e 为底的对数，相当于数学中的 ln；

log10：以 10 为底的对数，相当于数学中的 lg；

log1p：计算 $\log(1+x)$，并补偿 $1+x$ 中的舍入，对于非常小的 x，$\log 1p(x)$ 计算的值比 $\log(1+x)$ 更精确；

exp：以 e 为底的指数函数。不能直接用 e^( ) 表示，这种表示方法意为矩阵 e 的次方；

sqrt：开平方根；

realsqrt：对于非负实数数组，返回每个值的平方根；

nthroot：对 x 开 n 次方根，表示为 nthroot(x,n)；

点乘和乘、点除和除是 MATLAB 中最容易出错的两种运算方式。下面以点乘和乘为例，讲解这两种运算方式的区别。假设有两个任意的 3×3 矩阵 A 和 B，$A*B$（乘）是矩阵的乘法，而 $A.*B$（点乘）是对应元素相乘：

$$A*B=\begin{vmatrix} a_{11}b_{11}+a_{12}b_{21}+a_{13}b_{31} & a_{11}b_{12}+a_{12}b_{22}+a_{13}b_{32} & a_{11}b_{13}+a_{12}b_{23}+a_{13}b_{33} \\ a_{21}b_{11}+a_{22}b_{21}+a_{23}b_{31} & a_{21}b_{12}+a_{22}b_{22}+a_{23}b_{32} & a_{21}b_{13}+a_{22}b_{23}+a_{23}b_{33} \\ a_{31}b_{11}+a_{32}b_{21}+a_{33}b_{31} & a_{31}b_{12}+a_{32}b_{22}+a_{33}b_{32} & a_{31}b_{13}+a_{32}b_{23}+a_{33}b_{33} \end{vmatrix}$$

$$A.*B=\begin{vmatrix} a_{11}b_{11} & a_{12}b_{12} & a_{13}b_{13} \\ a_{21}b_{21} & a_{22}b_{22} & a_{23}b_{23} \\ a_{31}b_{31} & a_{32}b_{32} & a_{33}b_{33} \end{vmatrix}$$

因此，乘（或除）需要满足数学中矩阵相乘（或相除）的原则，而点乘（或点除）则需要两个矩阵的维度是相同的。否则，MATLAB 会报"矩阵维度必须一致"的错误。

除这些基本的数值运算之外，MATLAB 还可以实现其他数值运算，总结列于表 2-4。

表 2-4　MATLAB 的其他常用数值运算

表达式	含　　义	表达式	含　　义
sum	加和	mean	求算术平均值
movmean	求滑动平均值	geomean	求几何平均值
cumprod	连乘积	diff	微分（差分）
abs	求绝对值	limit	求极限
round	四舍五入取整	floor	向下取整
ceil	向上取整	fix	向 0 取整
mod	求模	rem	求余数

在这里，我们简单讲解 mean、movmean、geomean 三种求平均运算方式的区别。mean 即算术平均值，movmean 是滑动平均值，geomean 是几何平均值。下面分别是这三种求平均方法的使用方式。

（1） mean 函数

```
M=mean（A）
M=mean（A, dim）
```

其中，*A* 是向量或矩阵，*M* 是求得的平均值。如果 *A* 是行向量或列向量，则求得的 *M* 是一个具体的数值；如果 *A* 是矩阵，则是对矩阵的每一列分别求算术平均值。在第二种用法中，dim 可以用来定义对矩阵求算术平均值的维度，1 表示对每一列求平均值，2 表示对每一行求平均值。

（2） movmean 函数

```
M=movmean（A, k）
M=movmean（A,[kb kf]）
```

与 mean 的用法不同，movmean 必须指定至少两个参数。如在第一种用法中，第一个 *A* 是要求平均的向量或矩阵，*k* 是对多少个数求平均值。当 *k* 为奇数时，当前位置的元素是中心；当 *k* 为偶数时，当前位置的元素及其前一个元素为求滑动平均值的中心。在第二种用法中，*kb* 和 *kf* 分别是当前元素的前 *kb* 个数和后 *kf* 个数，因此一共是对 *kb*+*kf*+1 个数求平均值。例如，对于矩阵 $A=[a_1\ a_2\ a_3\cdots a_{n-1}\ a_n]$，分别输入 $M1=movmean(A,3)$ 和 $M2=movmean(A,[0\ 3])$ 给出的结果是：

$$M1=\left[\frac{a_1+a_2}{2}\ \frac{a_1+a_2+a_3}{3}\ \frac{a_2+a_3+a_4}{3}\ \cdots\ \frac{a_{n-2}+a_{n-1}+a_n}{3}\ \frac{a_{n-1}+a_n}{2}\right]$$

$$M2=\left[\frac{a_1+a_2+a_3+a_4}{4}\ \frac{a_2+a_3+a_4+a_5}{4}\ \cdots\ \frac{a_{n-3}+a_{n-2}+a_{n-1}+a_n}{4}\ \frac{a_{n-2}+a_{n-1}+a_n}{3}\ \frac{a_{n-1}+a_n}{2}\ a_n\right]$$

（3） geomean 函数

```
M=geomean（A）
M=geomean（A, dim）
```

几何平均值，即对各变量的连乘项开项数次方根。相对于算术平均值而言，几何平均值受极端值的影响更小，但几何平均值只适用于等比或具有近似等比关系的数据。使用 geomean 函数必须先安装 statisic tools 扩展

包。在第一种用法中，对于一个向量 **A** 而言，可以直接求几何平均值；对于矩阵而言，对每一列分别求几何平均值。而在第二种用法中，dim 可以指定维度求几何平均值，1 表示按列求几何平均值，2 表示按行求几何平均值。

 实战案例 2-2

文件 example2_2.m（可通过扫描本书第 1 章末尾的二维码获取，下同）中存储有某监测站某天的臭氧浓度小时值，计算臭氧的日均值和最大 8 小时滑动平均值（MDA8）。MDA8 定义为：第 0—7 小时，1—8 小时……16—23 小时的平均值中的最大值。O_3 矩阵中对应的数值从上到下分别为 0—23 时的数据。

实战案例 2-2 程序演示：

```
load example2_2
Daily_avg = mean (O3, 'omitnan'); % 求日均值
DA8 = movmean (O3, [0 7], 'omitnan'); % 先求所有的 8 小
    时滑动平均值
MDA8 = max (DA8 (1：17) ); % 求 MDA8
```

2. 逻辑运算

前文提到，计算机编程语言包括数值运算和逻辑运算两种运算方式。逻辑运算得到的结果是一个布尔值，即"真"（true）或"假"（false）中的一个，与其他编程语言相同，MATLAB 中的"真"默认为 1，而"假"默认为 0。表 2-5 总结了 MATLAB 中常用的逻辑运算表达式。

表 2-5　MATLAB 中常见的逻辑运算表达式

表达式	含　义	表达式	含　义
&	逻辑与运算	= =	等于
|	逻辑或运算	>	大于
&&	逻辑与	<	小于
||	逻辑或	>=	不小于
=	赋值	<=	不大于
~ =	不等于		

下面，对常见的逻辑运算方式进行讲解。

&、|：逻辑与、逻辑或的计算；

&&、‖：判断是否满足与、或关系；

=：给变量赋值；

==：判断变量是否满足等于条件；

~=：判断变量是否满足不等于条件；

>、<、>=、<=：判断变量是否满足大于、小于、不小于、不大于条件。

此处，&、&&、|、‖形式相近，表达的意思也很相近，在这里进行详细讲解。在 MATLAB 官方帮助文档中，&& 被称为 & 的 short circuit 形式，但表达的意义并不完全相同。例如，有两个条件 A 和 B：

A&B 表示为：首先判断 A 的逻辑值，然后判断 B 的逻辑值，再进行逻辑与的计算；

A&&B 表示为：首先判断 A 的逻辑值，如果 A 是假，则整个表达式为假。

同样，在适用对象上，& 和 && 也有不同。对于 A&B，A 和 B 可以为矩阵；而 A&&B，只可以是标量。对于 | 和 ‖，与上述关于 & 和 && 的运算规则相同。因此，在表达满足条件 A 和条件 B 时，最好使用 &&，因为二者的效果相同，&& 的运行速度明显更高。通过下面一个实例对这两种用法的区别进行讲解。

实战案例 2-3

文件 example2_3. m 中有某监测站一段时间内 $PM_{2.5}$ 的质量浓度，现在要筛选出 $PM_{2.5}$ 浓度高于 $35\,\mu g/m^3$ 但不超过 $50\,\mu g/m^3$ 的值。

实战案例 2-3 程序演示：

```
load example2_3
ind = PM25 (find (PM25 > 35 & PM25 <= 50) );
% 请读者尝试输入下面一行：
% ind2 = PM25 (find (PM25 > 35 && PM25 <= 50) );
```

在实战案例 2-3 中，如果将 & 替换为 &&，则会报错。其原因是 PM25 >35 得到的是一个布尔值，PM25≤50 得到的同样是一个布尔值，两个布尔值不能再使用 && 进行逻辑上的连接，只能使用 & 进行逻辑上的判断，即满足条件 1 且满足条件 2。但对于其他情况而言，& 和 && 的用法几乎相同。

布尔值可以进一步进行逻辑运算，也可以作为一个数值参与数值运算；如果布尔值参与了数值运算，那么运算的结果将转换为数值而非布尔值。布尔值不能被赋值。

2.2　字符和字符串

字符用于表示文本内容。在 MATLAB 中，可以通过加单引号的方式表示字符。例如输入数字 5，表明这是一个参与数值运算的双精度数值；而如果输入'5'，则表示字符 5，不能以数字的形式参与数值运算。其原因是字符在 MATLAB 存储空间中对应的是 ASCII 码，而非单精度或双精度数值。而字符串可以理解为字符的数组，由多个字符组成。例如' Hello, world '就是一个字符串。MATLAB 为用户提供了丰富的函数直接处理字符串，包括字符串的串联、合并、拆分和查找。常用的使用格式如下。

（1）**sprintf 函数**

```
str=sprintf (formatSpec, A₁, …, Aₙ)
[str, errmsg] =sprintf (formatSpec, A₁, …, Aₙ)
str=sprintf (literalText)
```

在第一种用法中，可以使用 formatSpec 指定的格式化操作符对输入数组 A 中的数据值进行格式化，并根据 formatSpec 中指定的顺序设置数组 A_1，…，A_n 中数据的格式，在 str 中返回结果文本。表 2-6 总结了 formatSpec 中数值格式的调用方式。

表 2-6　MATLAB 中数值格式的调用方式

调用方式	释　　义	调用方式	释　　义
%d 或 %i	十进制有符号整数	%c	单个字符
%u	十进制无符号整数	%s	字符串
%o	八进制无符号整数	%bx	双精度十六进制
%x	十六进制小写字母	%bo	双精度八进制
%X	十六进制大写字母	%bu	双精度十进制
%f	浮点数	%tx	单精度十六进制
%e	转换为指数计数	%tu	单精度十进制

（2）**strcat 函数**

```
s = strcat (s1, …, sN)
```

水平串联 s1, s2, …, sN，相当于 ['s1', 's2', … 'sN']，串联出的字符串 s 为's1s2…sN'。

（3）**append 函数**

```
str = append (str1, …, strN)
```

合并 str1, str2, …, str$N$，用法上类似于 strcat，但区别是 strcat 只能用于串联字符串，而 append 可以用于串联字符串、字符向量、元胞数组。此外，与 strcat 不同的是，strcat 将去除所有字符串末尾的空格，而 append 将保留所有字符串末尾的空格。

（4）**contains 函数**

```
TF = contains (str, pattern)
TF = contains (str, pattern, 'IgnoreCase', true)
```

contains 函数用来确定字符串 str 中是否有 pattern 代表的内容，返回的结果是一个布尔值，即如果 str 中包含 pattern 中的内容，则返回 1（true），否则返回 0（false）。在第二种用法中，"IgnoreCase" 可以用于确定是否忽略大小写，true 即为忽略大小写进行检索，false 为大小写必须一致。

（5）**count 函数**

```
A = count (str, pattern)
A = count (str, pattern, 'IgnoreCase', true)
```

返回 pattern 在 str 中出现的次数，A 即为 pattern 出现的次数。与 contains 函数相同，在第二种用法中，也可以通过' IgnoreCase'来确定是否在检索时忽略大小写。

（6）**join 函数**

```
newStr = join (str)
newStr = join (str, delimiter, dim)
```

将 str 中的文本内容通过 join 函数合并在一起，并在中间放置空格。如果想要在文本内容之间放置其他符号，可使用第二种用法，通过 delimiter 进行指定。此外，第二种用法中的 dim 还可以指定按特定维度进行合并，可以实现文本内容的垂直串联。

（7）**split 函数**

```
newStr = split (str)
newStr = split (str, delimiter, dim)
```

与 join 函数相反，split 函数可以在空白字符处拆分 str，并用 newStr 返回拆分后的字符串。如果需要在某一特定的分割符处进行字符串的拆分，则可以用第二种用法，delimiter 是指定的分割符，dim 是维度。

2.3 日期和时间

在 MATLAB 中，日期和时间有多种表示形式，如字符串、一维数组（向量）等，此外，日期本身也是一种数据类型。表示日期和时间的数组可以按照其类型，进行算术运算、连接、绘图等操作。在本节中，将讲解 MATLAB 中常用的表示时间和日期的函数及各种表示方法之间的转换方式。

（1）datetime 函数

```
t=datetime
t=datetime (DateStrings, 'InputFormat', infmt)
```

在 MATLAB 中，使用 datetime 函数将默认生成一个 datetime 类型的数组，即上面提到的日期数据类型。在第一种用法中，可以使用 datetime 直接生成当前系统时间对应的 datetime 数组。而如果需要将仪器导出的数据格式转换成 datetime 数组，则可以使用第二种用法。其中，infmt 可以自行设定。例如，仪器读出的时间格式为"2021/01/01 00：00：00"，可以将 infmt 设置为"yyyy/MM/dd HH：mm：ss"。

（2）datenum 函数

```
DateNumber=datenum (t)
DateNumber=datenum (Y, M, D, H, MN, S)
DateNumber=datenum (DateString, formatIn)
```

如果需要将日期转换成一维数组参与后续的算术运算，可以使用 datenum 函数。datenum 函数生成数值的含义是距离默认的参比日期（0000 年 1 月 0 日）过了多少秒。如果需要设定其他的参比年份，可以直接在调用函数时进行设置。如，要计算时间 t 距离 1900 年 1 月 1 日过了多少秒，可以设置 DateNumber=datenum（t, 1900）。

同时，datenum 函数也可以通过输入特定的时间来直接进行计算。这一"特定的时间"可以是自行输入的（如第二种使用方法），也可以是某一种特定的时间格式（第三种方法）。例如，仪器导出的时间为"2021/01/01 00：00：00"，如果使用第二种方法读取，应为 DateNumber=datenum（2021, 1, 1, 0, 0, 0）；如果使用第三种方法，则应为 DateNumber=datenum("2021/01/01 00：00：00"，"yyyy/MM/dd HH：mm：ss"）。

（3）datevec 函数

```
DateVector=datevec (t)
```

25

```
DateVector=datevec (DateString, formatIn)
```

在实际应用中，有时需要将仪器导出的时间提取出年、月、日、小时等分别进行操作，MATLAB 提供了 datevec 函数，可以快速对时间进行识别和提取。这里给出了两种使用方法，在第一种使用方法中，t 既可以是 datetime 类型的数组，也可以是一个时间对应的数值（datenumber）；在第二种使用方法中，与上面 datetime 和 datenum 函数类似，可以使用 formatIn 自行设置识别时间的格式，并对字符串进行识别。datevec 函数对于每一个时间都会生成一个一维数组，例如 "2021/01/01 00：00：00" 使用 datevec 读取后生成的数组为 ［2021 1 1 0 0 0］。

（4）**exceltime 函数**

```
T=exceltime (t)
```

作为最常用的数据处理软件，Excel 的时间格式与 MATLAB 有所不同，但二者可以通过 exceltime 函数进行转换。例如，在 Excel 中输入 "2021/01/01 00：00：00"，并将单元格类型设置为 "常规" 后，显示的值为 44 197，而在 MATLAB 中，这一值为 738 157。其原因是 Excel 中的时间数值是单元格中的时间距 1900 年 1 月 1 日过了多少天，而 MATLAB 中为距离 0000 年 1 月 1 日过了多少天。

在使用 exceltime 函数进行转换时需要注意，需要在 Excel 中将单元格类型设置为 "常规" 或 "数值"，否则 MATLAB 无法识别。

（5）**day 函数**

```
d=day (t, dayType)
```

在处理数据时，有时需要知道某日距离参比的日期是第多少天。MATLAB 中提供了 day 函数来满足这一需求。其中，t 是 datetime 类型的数组，而 dayType 可以设置为 "dayofmonth"（一个月中的第几天）、"dayofweek"（一周中的第几天）、"dayofyear"（一年中的第几天）等。在大气环境领域，部分仪器使用的是 day of year 记录时间，因此 dayofyear 是最常用的一种类型。

（6）**weekday 函数**

```
daynumer=weekday (date, Dayform)
```

由于大气环境受到显著的人为影响，在对大气环境监测数据进行分析时，有时需要考虑工作日和非工作日的差异。MATLAB 中提供的 weekday 函数，可以用来判断给出的日期是每周的星期几。在 weekday 函数中，date 既可以是以 datenumber 格式给出的数值，也可以是按照一定日期格式给出的时间。例如，输入 weekday（737791）、weekday（"01-Jan-2020"）、weekday（"01/01/2020"）、weekday（"2020-01-01"）得到的结果是相同的。Dayform 可以指定输出时的格式，如果指定为"long"，则以 Monday、Tuesday 等完整名称返回结果；如果指定为"short"，则以 Mon、Tues 等缩写形式返回结果；也可以不指定，默认以数字返回周几。

2.4　结构体与元胞数组

2.4.1　结构体

结构体数组是使用名为字段的数据容器将相关数据组合在一起的数据类型。每个字段都可以包含任意类型的数据。使用 structName. fieldName 格式的表示法来访问结构体中的数据，这种表示方法可以看作 structName 中有多个变量，而想要访问的变量是 fieldName。可以用理解一个数据库的形式来简单理解结构体。例如，data 结构体存储了某次观测的全部数据，data 结构体下的 gas 变量存储了气体数据，而 SO_2 又是 gas 变量存储的气体数据之一；在这种情况下，当我们需要读取 SO_2 的数据时，则可以使用 data. gas. SO2 进行操作。

结构体中最常用的就是批量处理文件时，dir 可列出当前文件夹所有的文件。例如，在桌面新建一个文件夹，命名为 new folder，然后在这个文件夹中新建三个 txt 文档，分别命名为 text1、text2、text3。执行命令 dir（"C：\Users\ Desktop\new folder"），即得到下面的结果：

```
...
text1.txt
text2.txt
text3.txt
```

如想查看文件的具体信息并读取到变量中，可以通过结构体进行实现，例如执行命令 filename = dir("C:\Users\ Desktop\new folder")，可以得到关于 new folder 这一文件夹信息的结构体。具体关于结构体在读取文件夹下所有文件时的使用方法，将在 3.1 节进行讲解。

2.4.2　元胞数组

如果想在一个数组中包含不同的数据类型，除了使用结构体外，还可以通过元胞数组的方式实现。元胞数组的每个元胞中都可以包含不同类型的数据，可以是字符串，也可以是数值，或是二者的混合。与只包含数值类型的数组不同的是，元胞数组的索引包括花括号 {}与圆括号（）两种不同的形式，实现的功能也不同，下面将对这两种索引形式进行讲解。

在元胞数组中，圆括号表示单元索引，花括号表示内容索引。即：圆括号索引的是元胞数组中的某个单元，得到的结果仍然是一个元胞数组；花括号是对元胞数组中某个单元内容的呈现，得到的结果可能是一个字符串或一个数值。例如，创建一个元胞数组 $A = \{1, 2, 3, 4, 5; 6, 7, 8, 9, 10\}$，输入 $B = A\{1,1\}$ 和 $C = A(1,1)$，返回的结果分别为 $B = \{1\}$ 和 $C = 1$，也就是说 B 还是一个元胞数组，而 C 是一个数值，是元胞数组 A 在（1，1）处的内容。

2.5　数据的类型判断及转换

在第 2 章前三节中，讲解了数值、字符、字符串、时间等不同的数据类型。在无法直观地判断数据类型时，MATLAB 提供了 is 函数可以直接进行判断。下面，对 is 函数的使用形式进行讲解。

is 函数

```
tf=isType (A)
```

在 is 函数中，Type 对应的是需要判断的数据类型，例如：如果判断 A 是否为字符数组，则可以使用 tf=ischar(A)；判断是否为元胞数组，可以使用 tf=iscellstr (A)；判断是否为字符串，使用 tf=isstring(A)。返回的结果 tf 是一个布尔值，如果为真，则返回 tf=1；否则返回 tf=0。

除判断数据的类型外，MATLAB 还可以实现不同数据类型间的相互转换，下面将针对不同类型数据的转换方式分别进行讲解：

① 文本型数据与数值类型数据的相互转换

文本型数据在这里泛指字符串（string）、元胞数组（cell）中的字符串，数值泛指双精度数值（double）、单精度数值（single）等。转换的函数如下：

```
A=str2num (B)
A=cell2num (B)
```

上面两个函数分别将字符串和元胞数组转换为数值类型。如果想把数值转换到文本型数据，则将"2"前后的内容互换即可，即

```
B=num2str (A)
B=num2cell (A)
```

通过上面的函数可以发现，MATLAB 中的数据类型转换多以"数据类型 A2 数据类型 B"的方式进行表达，这里的"2"即"to"，也就是从数据类型 A 到数据类型 B。

② 直接表示为字符串

除了直接用单引号创建字符串和通过上述转换函数转换为字符串外，也可用 char 函数将数组直接转换为字符串。使用方法为

```
str=char (A)
```

可将数组 A 直接转换为字符串 str。此外，如需要将 datetime 格式的数组按照一定格式转换为字符串，也可使用下面的形式：

str=char（D, fmt）

其中，D 是 datetime 格式的数组，fmt 是指定的形式（如"HH：mm：ss"）。

3.1　文件和文件夹操作

MATLAB 需要指定正确的路径才能访问默认的函数和自定义函数。如果函数所在的路径未添加到 MATLAB 中，则会提示无法识别函数的错误。MATLAB 在处理文件时需要这些文件的完整路径作为输入。如果在程序中不指定完整路径，则 MATLAB 优先在当前打开的文件夹中寻找，其次在添加到 MATLAB 路径的文件夹中寻找。要确保 MATLAB 能够找到所需要的文件，可以通过命令自行构建并传递完整路径，将当前文件夹更改为目标文件夹，或是将所需文件夹添加到路径。以下是在 MATLAB 中对路径和文件（或文件夹）操作的一些常用命令。

（1）**path 函数**

path 函数用来查看或更改 MATLAB 的搜索路径，常见的使用格式如下：

path：显示 MATLAB 搜索路径；

path（newpath）：将搜索路径更改为 newpath；

path（oldpath，newfolder）：向搜索路径中添加新文件夹。

由于在实际应用过程中，可能涉及调用多个不同文件夹中的函数或数据的情况，因此上述三种用法中以第二种最为常用，即更改搜索路径。newpath 代表使用到的函数或数据所在的文件夹。例如，使用到的函数在 C：\ aerosol 中，则可以输入命令：

```
path ('C：\aerosol');
```

除了使用 path，也可以通过"设置路径"对话框进行手动查看或更改搜索路径：在主页选项卡上的环境部分点击红色框中的"设置路径"，打开对话框。在 MATLAB 搜索路径中选择路径并保存，如图 3-1 所示。

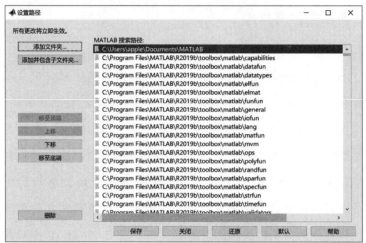

图 3-1　在 MATLAB 中设置路径的方法

（2）cd 函数

cd 函数用来显示或更改 MATLAB 的当前文件夹。例如，在不手动输入完整路径时，文件会默认保存在当前文件夹下。因此可以通过更改当前文件夹来调整文件的默认保存目录。cd 函数的使用方法如下：

cd：显示当前文件夹；

cd ..：将路径更改为上一级目录；

cd newFolder：将当前文件夹更改为 newFolder；

oldFolder＝cd（newFolder）：将现有的当前文件夹返回给 oldFolder，然后将当前文件夹更改为 newFolder。

此处需要注意的是，在第三种用法中，cd newFolder 对文件夹的更改是全局性的。即在程序中如果使用了 cd，则在整个程序运行结束前，当前文件夹的更改会一直保持，除非在后面的程序中又使用 cd 函数更改了当前文件夹。

（3）**dir 函数**

dir 函数用于列出文件夹中的所有文件，或列出当前文件夹下指定扩展名的文件。dir 函数通常在程序中用来提示或检查当前文件夹下的文件，以方便进行文件的循环读取等操作。dir 函数的常见使用方法如下：

dir folder：列出 folder 文件夹中的所有文件和文件夹；

dir ＊.m：列出当前路径下文件类型为 .m 的所有文件，＊ 字符视为通配符；

listing＝dir（"name"：返回 name 的属性）。以 n×1 的结构体数组形式返回结果，其中 n 是 dir 命令返回的文件和文件夹的数量。

下面重点对第二种和第三种用法进行讲解。第二种用法可以方便地查看指定扩展名的文件。例如在实际大气环境监测中，每一台仪器生成的数据均以电子表格的形式（.xlsx）存储在一个文件夹中，当需要读取长时间的数据时，需要查看当前文件夹下所有 .xlsx 格式的 Excel 表格。可以使用 dir ＊.xlsx 进行。而在第三种使用方法中，返回的 listing 结构体各项字段的含义如表 3-1 所示。

表 3-1　listing 结构体返回各字段的含义

字段名称	含　　义	
name	文件或文件夹名称	char
folder	文件或文件夹位置	char
date	修改日期时间戳	char
bytes	文件大小（以字节为单位）	double
isdir	如果名称为文件夹，则为 1；如果名称为文件，则为 0	logical
dateum	修改日期，是一个日期序列值	double

（4）**mkdir 函数**

mkdir 可以在系统中新建文件夹，新建文件夹的默认位置是在当前文件夹下，也就是新建的文件夹默认是当前文件夹的子文件夹。mkdir 的使用方法如下：

mkdir folderName：在当前文件夹中创建名为 folderName 的文件夹；

mkdir filepath：\ folderName：在指定路径中创建名为 folderName 的文件夹。

需要注意的是，当使用 mkdir 命令创建文件夹时，MATLAB 会检查在目标文件夹下是否已经存在了名为 folderName 的文件夹。如果已经存在，则会在命令行窗口提示"警告：目录已存在"，但不影响程序运行。如果需要检查文件夹是否创建成功，或是否已经存在了同名文件夹，则可以使用下面的方法：

```
status=mkdir (folderName)
```

如果新建文件夹操作成功或文件夹已存在时返回 1，否则返回 0，但不会在命令行窗口中提示任何警告或错误。

（5）**rmdir 函数**

如果需要在 MATLAB 中实现文件夹的删除操作，则可以使用 rmdir 函数进行。需要注意的是，在 MATLAB 中执行任何删除操作都需要谨慎，因为 MATLAB 中默认的删除操作是彻底删除，无法恢复。rmdir 函数的用法如下：

```
rmdir folderName
rmdir (folderName, 's')
```

在第一种用法中，如果直接输入 folderName，那么这个文件夹必须是空文件夹，否则会报错"未删除任何目录"；如果要像在 Windows 中删除文件夹那样，将文件夹及里面的文件全部删除，则可以使用第二种用法，"s"表示删除全部内容。

（6）**delete 函数**

如果需要对某一个或某几个文件，而非某个文件夹进行操作，则需要使用 delete 函数进行。与 rmdir 类似，MATLAB 中的 delete 默认是彻底删除，且这一操作没有再次确认的过程，即一旦命令生效，直接对文件进行操作。delete 的使用方法如下：

```
delete fileName
delete *.m
```

在第一种用法中，可以删除当前目录中名为 fileName 的文件。同样，当 fileName 是一个完整的路径，则删除对应路径下的文件。而在第二种用法中，与 dir 函数类似，可以删除指定扩展名的所有文件，例如 *.m 则删除所有 m 文件，*.xlsx 则删除所有 xlsx 电子表格文件等。在 MATLAB 中，删除项也可以进行更改，选择彻底删除或移入回收站。操作方法如图 3-2 标出的红框所示："主页"选项卡的"环境"→预设项→MATLAB→常规。然后，从删除文件部分的两个选项中选择一个。默认为永久删除选项。

图 3-2　更改默认删除选项的方法

（7）**copyfile 函数与 movefile 函数**

如果需要将一个文件复制或移动到指定位置，则可以使用 copyfile 函数或 movefile 函数。copyfile 函数的作用相当于"复制—粘贴"，保留原文件；而 movefile 函数则相当于"剪切—粘贴"，原文件不保留。下面对 copyfile 函数和 movefile 函数的用法进行介绍：

```
copyfile source destination
movefile source destination
```

上述两个函数的使用方法相同，都包含一个原文件（或文件夹）和一个目标文件夹。如果 destination 缺失，则默认将原文件（或文件夹）复制（或移动）到当前文件夹中。需要注意的是，source 可以是一个文件或文件夹，而 destination 则必须是一个文件夹。

 实战案例 3-1

在文件夹 example3_1 中，三个文件夹中分别存有三台仪器（甲醛仪、ECOC、微型气象站）的监测数据（文件夹名即仪器名）。每一天的监测数据都单独存为了一个文件，数据格式为"仪器名称_日期.xlsx"。现在需要在 MATLAB 中处理这些数据，要求为：① 将当前文件夹更改为 example3_1；② 列出三台仪器所有的 .xlsx 数据文件；③ 在甲醛仪文件夹中存储了一个 ECOC 的数据文件，将它移动至正确的文件夹中。

实战案例 3-1 程序演示：

```
clear
%% 更改当前文件夹
cd …\example3_1
dir …\example3_1
%% 列出 xlsx 文件
name1 = dir ('…\example3_1\气象站\*.xlsx');
name2 = dir ('…\example3_1\甲醛仪\*.xlsx');
name3 = dir ('…\example3_1\ECOC\*.xlsx');
```

```
%%移动文件
movefile('…\example3_1 \ 甲醛仪 \ ECOC_20210614.
    xlsx', '…\ example3_1 \ ECOC');
```

3.2 数据的导入和导出

除了直接通过手动输入或复制进行数据的导入和导出外，MATLAB 也可以读取电子表格、文本、图像、音视频、科学数据格式等标准格式文件。通常，大气环境监测数据的格式是多样化的，MATLAB 提供了底层文件输入和输出函数，通过这些函数的组合，可以处理非标准格式文件的数据文件。

3.2.1 数据的导入

数据的导入即将数据从原始文件（.txt、.xls、.xlsx、.csv 等）中读取出来，并移入 MATLAB 中进行分析和操作。数据的导入有两种方法：导入工具和使用函数。下面分别对这两种方法进行介绍。

1. 导入工具

通过导入工具，可以从电子表格文件（＊.xls、＊.xlsx）、逗号分隔文本文件（＊.csv）和等宽的文本文件（＊.txt）中预览和导入数据。这种方法的优势在于可以通过交互方式更加直观地导入数据。操作方法如图 3-3 所示：在 MATLAB 的"主页"选项卡中，直接选择"导入数据"，即可开始导入。

图 3-3　通过导入工具直接进行数据导入的方法

2. uiimport 函数

uiimport 函数可以看作通过函数的方式，唤起导入工具，最终的使用效果与点击"导入数据"后一致。uiimport 函数的使用方法如下：

```
uiimport (filename)
```

其中，filename 是将要导入的文件名，是一个字符串格式。如果导入的文件不在当前文件夹下，则需要先更改当前文件夹或输入完整路径。

3.2.2 MATLAB 中常见文件格式的导入与导出

MATLAB 中，支持导入和导出的文件格式可以分为以下四大类：① MATLAB 格式数据文件，即 .mat 文件；② 电子表格文件，即 .xls、.xlsx 文件；③ 逗号分割文件，即 .csv 文件；④ 底层文件，即其他支持 I/O 读取的文件。下面，将分别讲解这四类文件的导入与导出。

1. MATLAB 格式数据文件

MATLAB 格式数据文件 .mat 在实际应用中，具有较强的可操作性，具体来说表现在以下几点：① 读取数据后，在工作区或命令行窗口中可以查看和编辑工作区的内容；② 退出 MATLAB 后，如果更新了部分数据，则直接点击保存即可；③ 可以跨多个会话调用同一份数据。在编程中，推荐将需要频繁调用或作为中间变量在后续程序中调用的变量以 .mat 格式储存。下面来看 .mat 文件的读取和写入方法。

(1) save 函数

save 函数可以将当前工作区的变量存储为 .mat 文件，使用方法如下：

```
save (filename, variables)
```

其中，filename 是指定保存的文件名称，如果不输入完整路径，则默认保存在当前文件夹中；variables 是需要保存工作区中的哪些变量，如果不指定，则会将所有变量都保存在 .mat 文件中。

(2) load 函数

load 函数可以将已经存储的 .mat 文件读取到工作区并进行后续操作，

使用方法如下：

```
load ( filename )
```

与 save 函数相同，filename 是指定读取的文件名称。但是 load 函数不只可以用来读取 .mat 文件：如果 filename 是一个 .mat 文件，则会将保存的变量加载到工作区中；如果 filename 是一个 ASCII 文件，则会创建一个包含文件中数据的 double 类型数组。

2. 电子表格

电子表格（.xls 与 .xlsx）是最常见的数据存储格式之一，电子表格存储的数据可以直接按照原数据的行、列、格式等与 MATLAB 进行交互，进行读写操作。对于电子表格的操作，常用的函数如下。

（1）xlsread 函数

xlsread 函数用来从电子表格文件（.xls、.xlsx）中读取数据到 MATLAB，并进行操作。xlsread 函数的常见使用方法如下：

```
num = xlsread ( filename, sheet )
[ A B ] = xlsread ( filename, sheet )
[ num, txt, raw ] = xlsread ( filename, sheet )
```

在上述三种用法中，分别代表：① 读取对应表格的数据（num）；② 读取对应表格的数据（A）和文字（B）；③ 读取对应表格的数据（num）文字（txt）和全部内容（raw）。filename 是读取的电子表格的名称，sheet 是对应的工作表名称，如果 sheet 缺失，则默认读取文件中的第一个工作表。上面三种用法中，读取的 num 均为 double 格式，txt 和 raw 均为 cell 格式。

（2）xlswrite 函数

xlswrite 函数用于将工作区中的变量写入电子表格，并保留变量原始的行列结构。xlswrite 函数的常用方法如下：

```
xlswrite ( filename, varible, sheet )
```

其中，filename 是指定写入的文件名称，这个文件名称可以是不存在的

（新建文件）或已经有的（在已有文件中写入）；varible 是选择在电子表格中写入哪个变量；sheet 是写入工作表的名称，如果不指定，则默认是第一个表格。需要注意的是，如果需要在已有文件中写入，建议 sheet 处不要使用默认值，否则会清空原有工作表中的数据并重新写入。

在 R2019a 版本之后，MATLAB 不再建议使用 xlsread 和 xlswrite 进行文件的读写，而是使用 readtable 和 writetable 进行。readtable 与 xlsread、writetable 与 xlswrite 的用法非常相似，但运行的结果存在部分差异。下面以 readtable 为例，讲解二者的不同点。

（3）readtable 函数

readtable 函数用来读取 .xls、.xlsx 等 Excel 表格。与 xlsread 不同，readtable 只允许返回一个参数，即

```
A = readtable (filename, sheet)
```

此时，返回的 A 是带有列标题的表格。如在表格的第一行中以文本形式给出了此列的标题，则在 MATLAB 读取时，会默认以第一行中各列的内容作为列标题。而如果使用了 xlsread，则第一行不会以列标题的形式存在，而会以元胞数组的形式被读取。如果要读取的是纯数据表格，那么这两种用法输出的结果则将是完全相同的。

3. 逗号分割文件

逗号分割文件（.csv）是以逗号为分隔符存储的文本文件，文件名为 *.csv。这种文件既可以使用 Excel 直接打开，也可以使用记事本等文本文档打开。对于大气环境监测数据而言，许多仪器的默认导出格式都是 .csv，因为 .csv 文件具有文件小、存储方便、仪器内部程序设计简单等优点。对 .csv 文件进行操作时，常用的函数如下。

（1）csvread 函数

与 xlsread 和 readtable 类似，.csv 文件可以通过类似的 csvread 函数实现。下面是 csvread 函数的常见使用形式：

```
M = csvread (filename, R1, C1)
```

M 是将 csv 文件中的数据读入的变量，filename 是文件名称，$R1$ 和 $C1$ 分别是行偏移量和列偏移量。具体来说，行偏移量 $R1$ 指的是从第 1 行开始，向下一行偏移多少，例如 $R1 = 0$ 即不向下一行偏移，$R1 = 1$ 即向下偏移 1 行，从第 2 行开始读取；列偏移量 $C1$ 与行偏移量 $R1$ 的应用类似。当 $R1$ 和 $C1$ 缺失时，默认从第 1 行第 1 列开始读取。

（2）csvwrite 函数

csvwrite 函数可以将 MATLAB 工作区中的变量写入 .csv 文件，方便存储或与数据库文件等进行交互。csvwrite 函数的使用形式如下：

```
csvwrite (filename, M, R1, C1)
```

其中，filename 是写入文件的文件名，此处需要注意的是，与 Excel 不同，.csv 文件中不能存在多个工作表。因此，建议在使用 csvwrite 时，filename 使用一个新的文件名。M 是工作区中将要写入 .csv 文件的变量。$R1$ 和 $C1$ 与 csvread 中的定义相同，如果不定义，则默认从第 1 行第 1 列开始写入。

4. 底层文件

在实际应用中，文件具有各种复杂的类型，仪器也可能导出不同的文件格式。MATLAB 不可能为每种格式的文件都提供自带函数接口，因此 MATLAB 提供了一些底层文件（.txt 等）读写（I/O）的命令，用于读写二进制文件或格式化的 ASCII 文件。这样在实际应用中，可以通过编写程序实现底层文件的读取。底层文件的读取是字节或字符级别的读取和写入操作，可用于导入文本数据文件和二进制数据文件、导出到文本数据文件等，常用函数如下。

（1）fopen 函数

fopen 函数用于打开文件，或获得有关需要打开文件的信息。在 MATLAB 中，底层文件的读取必须先打开、后读取。因此 fopen 函数是实现后续对底层文件进行操作的基础。fopen 函数的使用方法如下：

```
fileID = fopen (filename)
fileID = fopen (filename, permission)
```

返回的结果 fileID 不是具体的文件名或数据，而是一个大于等于 3 的文件标识符。因为在 MATLAB 中，文件标识符 0、1、2 分别代表标准输入、标准输出和标准错误。如果 fopen 无法打开文件，则 fileID 为−1。对于第一个打开的文件，fileID 会返回 3，第二个文件会返回 4，以此类推。在 fopen 的第二种用法中，permission 指定文件的访问类型。指定访问类型后，就可以使用二进制模式打开文件。各 permission 的定义如表 3-2 所示。

表 3-2　fopen 函数中各 permission 的定义

permission 格式	定　　义
'r'	打开要读取的文件
'w'	打开或创建要写入的新文件，放弃现有内容（如果有）
'a'	打开或创建要写入的新文件，追加数据到文件末尾
'r+'	打开要读写的文件
'w+'	打开或创建要读写的新文件，放弃现有内容（如果有）
'a+'	打开或创建要读写的新文件，追加数据到文件末尾
'A'	打开文件以追加（但不自动刷新）当前输出缓冲区
'W'	打开文件以写入（但不自动刷新）当前输出缓冲区

如果要以文本模式打开文件，需要将字母 't' 附加到 permission 参数，例如 'rt' 或 'wt+'。

（2）fclose 函数

由于 fopen 打开的文件会占用硬件空间，影响运行速度。因此当打开的文件已经完成读取或操作，不需要进一步操作时，需要对它们进行关闭以节省资源。fclose 函数可以实现这一功能。下面讲解 fclose 函数的使用方法：

```
fclose (fileID)
```

这一用法可以认为是 fopen 的逆操作，fopen 获得了一个打开文件的标识符，当使用 fclose 输入这一标识符时，则可以关闭文件。而当工作区中打开了过多文件，无法使用具体的 fileID 进行关闭时，则可以使用 fclose ('all') 一次性关闭所有文件。

（3）fscanf 函数

不同的仪器导出的数据格式不同，因此无法使用统一的函数直接将数据导出到 MATLAB 中。而对于同一台仪器而言，若完成了文件的打开后，并没有获得文件中需要的数据，可以寻找仪器输出数据的规律，并使用 fscanf 对文件进行扫描，将扫描后的数据读入 MATLAB 中。fscanf 的使用方法如下：

$$A=fscanf(fileID, formatSpec)$$

此处的 A 是扫描后读入 MATLAB 中的变量名，fileID 是在 fopen 中打开文件的文件标识符，formatSpec 是指定的扫描格式。formatSpec 中常用的数据字段格式包括：%d（整数）、%c（单个字符）、%f（浮点数）。通过下面的示例可以帮助理解：

例：2021. 04. 28 00：00

%d %c %d %c %d %f

（4）fprintf 函数

在完成对数据的操作后，如果想将数据通过一定的形式写回底层文件，则可以通过 fprintf 函数进行。fprintf 函数的使用方法如下：

$$fprintf(fileID, formatSpec, A1, \cdots, An)$$

其中，fileID 是写入目标文件的文件标识符，formatSpec 的用法同上面提到的 fscanf 函数，A1，…，An 是数组 *A* 中的元素，可以视情况写入全部元素或只写入部分元素。

（5）fgetl 和 fgets 函数

在实际应用中，常出现仪器写入数据时使用了换行符的情况，虽然这样增强了数据的可读性，但对 MATLAB 而言，换行符有时会造成程序的读写错误，给编程带来不必要的麻烦。fgetl 和 fgets 函数可以用于识别文件中的行，并视情况决定是否保留换行符。fgetl 会删除换行符，fgets 则会保留文件中的换行符。在这里，以 fgetl 为例，讲解用法：

$$tline=fgetl(fileID)$$

返回的 tline 是在 fileID 中识别换行，并删除换行符后返回的结果。如果文件为空，则 tline 会返回-1；如果文件非空，则会返回文件中的数据。

第 4 章　程序设计与自定义函数

本章介绍 MATLAB 的程序设计思路和方法，与其他编程语言类似，MATLAB 有三种基本的程序控制结构：顺序结构、选择结构、循环结构。针对数据分析实际工作的需要，本章重点介绍循环结构、选择结构和自定义函数，还涉及 M 文件的概念与基本操作等内容。利用 MATLAB 的程序设计与自定义函数，可以将有关命令储存在一个文件中（即 M 文件）并运行，MATLAB 将按照设计执行该文件中的命令，解决实际问题。

4.1　M 文件

M 文件是用 MATLAB 编写的程序，其扩展名为 .m。一个 M 文件是由若干 MATLAB 命令组合构成的，用来完成某些操作，或实现某些功能。根据调用方式的不同，M 文件可以分为两类：脚本文件和函数文件。脚本文件，又称命令文件，没有输入参数，也不返回输出参数，只对工作空间中的变量进行操作，文件中所有命令的执行结果完全返回到工作空间中。脚本文件可以直接运行，在 MATLAB 命令窗口输入脚本文件的名字即可执行；也可以选中脚本文件中需要运行的命令行，然后右键选择"执行所选内容"来运行脚本或者脚本中的几行；或者在"编辑器"窗口中点击"运行"按钮直接运行。

函数文件与脚本文件不同，可以接受输入和返回输出，内部变量是函数的局部变量，当函数文件执行完毕时，这些变量被清除；同理，函数文件中涉及的变量也不会与其他脚本文件或函数文件中的变量冲突。函数文件不能直接执行，必须以函数调用的方式来运行。

可以使用 MATLAB 编辑器或任何其他文本编辑器（如记事本等）来创建 M 文件。如果使用其他文本编辑器创建 M 文件，则需要将扩展名更改为 .m。此处重点讲解创建脚本文件的两种最常用的方式。

（1）使用命令按钮创建文件

在"编辑器"选项卡中选择"新建""脚本"（或"新建脚本"或快捷键 Ctrl+N），打开编辑器并创建一个名为 Untitled 的文件，在输入代码后命名并保存文件。

（2）使用 edit 命令创建文件

例如创建 test.m 文件。在命令行窗口键入 edit 并回车，直接输入文件名（扩展名为 .m）。该操作将在默认目录中创建指定文件，需要提供整个路径将文件存储在特定文件夹中。

4.2　选择结构

选择结构是一种条件判断的分支结构，根据设定的条件成立或不成立，分别执行不同的命令。本节主要介绍 if 语句和 switch…. case 语句。

4.2.1　if 语句

按照判断条件的多少，可以将 if 语句分为单分支、双分支和多分支三类。下面分别对这三类 if 语句进行介绍。

1. 单分支 if 语句

即只有一个判断条件的 if 语句。单分支 if 语句的结构如下：

```
if 条件（关系运算或逻辑运算）
语句组
end
```

单分支 if 语句的执行过程如图 4-1 所示。

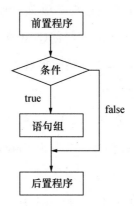

图 4-1　单分支 if 语句的执行过程

如果条件结果为 true，则 if 语句中的代码块将被执行；如果条件结果为 false，将执行结束语句（end）后的第一组代码。

2. 双分支 if 语句

即有两个判断条件的 if 语句，需要判断是否满足第一个条件，如果第一个条件的条件结果为 false，再判断是否满足第二个条件。第二个条件可以满足，也可以仍不满足。双分支 if 语句格式如下：

```
if 条件
语句组 1
elseif
语句组 2
end
```

双分支 if 语句的执行过程如图 4-2 所示。

双分支 if 语句后可以跟一个 else 语句（可选），当 if 和 elseif 条件结果均为 false 时，执行 else 语句中的代码。

3. 多分支 if 语句

即包含至少 3 个判断条件的 if 语句，需要按顺序进行判断，每当不满足当前条件时，会顺序执行下一个条件。如果多分支 if 语句中包含了一个

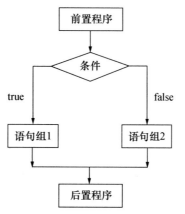

图 4-2　双分支 if 语句的执行过程

else，则当上述条件都不满足时，会执行 else 语句中的代码。多分支 if 语句格式如下：

```
if 条件 1
语句组 1
elseif 条件 2
语句组 2
.....
elseif 条件 m
语句组 m
else（可选）
语句组 n
end
```

多分支 if 语句的执行过程如图 4-3 所示，可实现多分支选择结构。

多分支 if 语句后面可以有一个（或多个）elseif 和至多一个 else 语句，使用该语句时需要注意：

① if 语句中有且只有一个 else，它必须在 elseif 分支语句之后。也就是说，如果要使用 else 语句，那么它一定是最后一个条件。

② 不论有几个分支语句，当有一个条件为 true 并执行后，其余的语句将不再被执行，整个 if 语句结束。

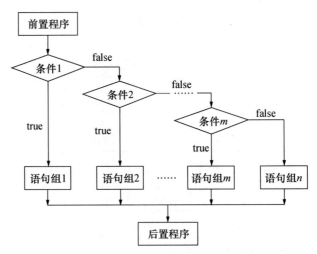

图 4-3 多分支 if 语句的执行过程

4.2.2 switch…. case 语句

switch…. case 语句可以理解为一个多分支的 if 语句，但是区别是 case 后面的语句直接跟执行结果。switch 语句格式如下：

```
switch 表达式
case 结果表 1
语句组 1
case 结果表 2
语句组 2
……
case 结果表 m
语句组 m
otherwise
语句组 n
end
```

switch…. case 语句的执行过程如图 4-4 所示。

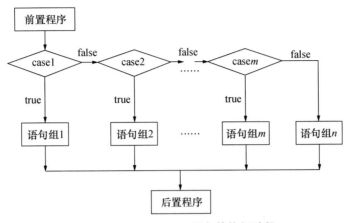

图 4-4　switch…. case 语句的执行过程

　　switch 语句选择性地执行多个条件中的一组语句（case 语句后的语句组），当某个 case 为 true 时，MATLAB 会执行相应的语句，然后直接执行后置程序。其中，otherwise 块是可选的，并且仅在没有任何一个 case 为 true 时执行，可以近似理解成 if 语句中的 else。在使用中需要注意：

　　① 整个过程只会执行一个语句组。

　　② switch 表达式的值应该是可以列举的。

　　③ case 结果表为 switch 表达式的取值，当取值有多个时，用单元数据表示。

实战案例 4-1

　　假定空气质量等级以 $PM_{2.5}$ 浓度划分为 6 级。$PM_{2.5}$ 浓度在 [0, 35) 空气质量为优，[35, 75) 为良，[75, 115) 为轻度污染，[115, 150) 为中度污染，[150, 250) 为重度污染，大于等于 250 为严重污染。编写程序，输入 $PM_{2.5}$ 数值，输出空气质量等级。

实战案例 4-1 程序演示：

```
g＝input ('请输入 PM2.5 值:');
switch fix (g)
    case num2cell (0：34)    % num2cell：将数值矩阵转
    换为单元矩阵
```

```
        disp ('空气质量优');
    case num2cell (35: 74)
        disp ('空气质量良好');
    case num2cell (75: 114)
        disp ('空气质量轻度污染');
    case num2cell (115: 149)
        disp ('空气质量中度污染');
    case num2cell (150: 249)
        disp ('空气质量重度污染');
    otherwise
        disp ('空气质量严重污染');
end
```

4.3　循环结构

循环结构，是指程序在满足一定条件时，反复执行某一段程序，直至不满足设定的条件。MATLAB 提供 for 循环、while 循环、嵌套循环等多种类型结构来处理循环需求，多次执行一个或一组语句。

4.3.1　for 循环

for 循环用于一组命令按照预定的次数反复进行，直到到达预定的次数之后，执行对应的 end 后的第一组代码。for 语句格式：

for 循环变量=表达式 1（初值）：表达式 2（步长）：表达式 3（终值）

循环体语句

end

for 循环的执行过程如图 4-5 所示。

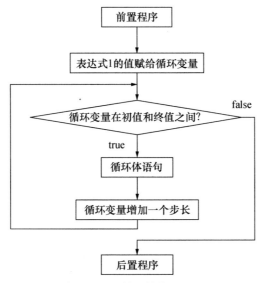

图 4-5　for 循环的执行过程

说明：

① for 语句会针对循环变量中的每一个值都执行一次循环体语句。

② 退出循环之后，循环变量的值等于循环变量的终值。

③ 当向量为空时，循环体不执行。

④ 对于矩阵，for 语句的循环变量也可以是一个列向量（即，每列执行一次，例：5 行 4 列矩阵执行 4 次）。

⑤ 使用 break 语句以编程方式退出循环；使用 continue 语句跳过循环中的其余指令，并开始下一次迭代。

4.3.2　while 循环

while 循环是当满足判断条件时，重复执行循环体语句，直到不满足判断条件后停止循环，执行 end 后的第一组代码。while 用于循环次数具体无法确定的情况。对于循环次数确定的情况，更推荐使用 4.4.1 节中的 for 循环，因为在功能上，for 循环和 while 循环相似，但 while 循环需要预分配更多的硬件资源，导致程序的运行速度受到影响。while 语句的格式如下：

while 条件

循环体语句

```
end
```

while 循环的执行过程如图 4-6 所示：

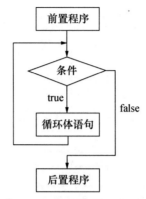

图 4-6　while 循环的执行过程

使用 while 循环，当条件为 true 时在重复执行循环体语句。条件的结果非空并且仅包含非零元素（逻辑值或实数值）时为 true；否则，条件为 false。

4.3.3　嵌套循环

嵌套循环，即在一个循环中包含了其他循环的结构。当一个循环无法实现功能时，就可以使用嵌套循环进行程序设计。但需要注意的是，由于循环体中部分矩阵的大小可能随着循环的进行而变化，需要不断向计算机请求分配内存，最终运行速度受到影响。因此，嵌套循环并不是程序设计中一种推荐的方式。

例如，用筛选法求 2~100 内的全部质数

```
for i=2: 100
    for j=2: 100
        if (~mod (i, j) )
            break;
        end
```

```
    end
if (j > (i/j) )
    fprintf ('% d 是一个质数 \ n', i);
    end
    end
```

颗粒物的表面积可以由其粒径谱分布计算得到。假设所有的颗粒物均为球体，粒径谱分布测量其直径为 Dp，测得的 $dN/\mathrm{d}\log Dp$ 单位为 cm^{-3}，则某时刻的颗粒物表面积 SA 可以利用下式进行计算：

$$SA = \sum_{i=1}^{n} \pi \times Dp^2 \times (\mathrm{d}N/\mathrm{d}\log Dp_i) \times \mathrm{d}\log Dp$$

在文件 example4_2.xlsx 中，有某时间段的颗粒物粒径谱分布测量数据，通过 MATLAB 程序计算出这一时间段的颗粒物表面积。

实战案例 4-2 程序演示：

```
clear
[A B] =xlsread ('.. \ example4_2.xlsx');
Dp =A (1,:);
tt =datevec (B (2: end, 1) );
PNSD =A (2: end,:);
for k =1: size (Dp, 2)
    if k~ =size (Dp, 2)
    dlogDp (1, k) = log10 (Dp (1, k+1) ) -log10
       (Dp (1, k) );
    end
end
dlogDp = [0.015 dlogDp];
for i =1: size (PNSD, 1)
    for j =1: size (Dp, 2)
```

```
                    PN (i, j) = PNSD (i, j) .*dlogDp (1,
                         j);
                    PS (1, j) = pi.*Dp (1, j) .^2;
                    SA (i, j) = PN (i, j) .*PS (1, j);
               end
          end
     SA_sum = sum (SA, 2, 'omitnan');
```

4.4　循环中常用的其他指令

在程序执行过程中，常常需要输入数据参数、提前终止循环、跳出子程序、显示错误信息等操作，常见的控制语句包括：return、input、keyboard、break、continue 等。

① return 指令

return 强制 MATLAB 在到达调用函数的末尾前将控制权返回给该函数。如不存在调用函数，MATLAB 会将控制权返回给命令提示符。

② input 和 keyboard 指令

input 指令将用户输入的内容（数组、字符串或元胞数组等）赋值给变量。

keyboard 指令允许输入任意多个 MATLAB 指令，当用户输入完成，并输入 return 指令后，程序的控制权交还 MATLAB。keyboard 指令通常应用于 debug 模式下，不宜在完整的程序中直接使用，否则极容易因为输入的代码有误而影响程序的运行。

③ break 指令

break 语句用来跳出循环体，终止执行 for 或 while 循环。不执行循环中在 break 语句之后显示的语句。

④ continue 指令

continue 语句结束本次循环，跳过当前循环体中剩余的任何语句，并直接进行下一次循环。

4.5　MATLAB 中的函数

　　函数是一组执行特定任务的语句，在工作空间内的变量（本地工作空间）上运行。MATLAB 中的函数包括 MATLAB 自带的函数和自定义函数。作为一种高级编程语言，MATLAB 需要逐句进行解释。MATLAB 中的自带函数，即安装程序官方给出的、实现一些基本功能的函数，例如本书中讲到的操作基本都是通过自带函数实现的。例如求平均 mean、求和 sum，等等。通过前几章的讲解可以看出，函数都有固定的使用形式，这也是 MATLAB 中函数的特点之一，即函数可以以一定的形式接受多个输入参数，并以规定的形式返回一个或多个结果。而自定义函数是允许用户自定义输入和输出的参数，并通过程序实现所需功能的函数。在本节中，我们重点讲解自定义函数的使用方法。函数文件由 function 语句引导，其基本格式为：

> function [输出参数 1，输出参数 2，…；输出参数 n] =函数名 [输入参数 1，…；输入参数 n]
>
> 注释说明
>
> 函数主体
>
> end

其中，以 function 开头的一行为函数定义行，指定这是一个函数文件，并定义函数名、输入参数和输出参数。函数名的命名规则与变量名相同，输入形参为函数的输入参数，输出形参为函数的输出参数。当有不止一个输入以及输出参数时，需要使用方括号构成一个输入或输出矩阵。

　　注释说明部分分为三种：① 紧跟函数文件引导行，以%开头的第一行注释，包含函数的特征信息，可供 lookfor 或 help 指令识别并使用；② 第一注释行之后的连续注释行，通常用来提示函数输入及输出参数的含义和使用格式；③ 其他注释行，作用同其他 MATLAB 程序中的注释。

函数体语句指包含了全部用于完成计算及给出输出参数赋值等工作的命令。如在函数文件中插入了 return 语句，当函数执行到该语句时结束，程序转至调用该函数的位置。如在函数文件中不使用 return 语句，被调用函数执行完成后会自动返回。与循环、条件等结构类似，在函数文件的结尾，也需要加入结束指令 end，表示函数运行到此已经全部结束，可以返回结果。

在一个 m 文件中可以同时包含多个自定义函数。但是这种方式会降低程序的可读性。为尽量提高程序可读性，可以使用 end 关键词来表示文件中每个函数的结束。在一个文件中，如果有任意函数包括了嵌套函数，或某个函数是作为另一个主函数的局部函数出现的，则都需要使用 end 关键词。例如下面的情况中，function1 是主函数，function2 是局部函数或嵌套在 function1 中的函数，则需要表示为下面的形式：

function［输出参数］＝function1（输入参数）
 function［输出参数］＝function2（输入参数）
 end
end

MATLAB 的自定义函数在保存时需要保存为函数名，即如果使用 function1 作为函数名，需要将文件保存为 function1.m，这样才能被其他程序调用。如果一个函数文件中包含了多个函数，则以主函数的名称作为文件名；如果不存在哪一个函数作为主函数的情况，则默认出现的第一个函数是主函数。主函数可以在其他程序中调用，局部函数则只能在主函数的文件中使用。

在实际应用过程中，可能出现输入参数与输出参数的个数不确定的情况。例如，3.2.2 节中的 xlsread 函数，除了文件名 filename 是必须的之外，可以指定某个工作表或某个单元格范围，也可以都不指定。即输入参数至少是 1 个，也可以是 2 或 3 个。例如，可以使用 A = xlsread（filename）的形式，也可以使用［num，raw，txt］= xlsread（filename）的形式进行调用，即输出参数也可以是 1~3 个。在自定义函数中，如需实现这种功能，可以使用 nargin 和 nargout 对输入和输出变量的个数进行判断，然后通过判断语句分别对应不同的功能。

与 MATLAB 中自带的函数一样，可以将编制好的函数文件通过以下格式进行调用：

$$[输出实参表] =函数名（输入实参表）$$

其中，实参指函数的输入、输出参数。函数调用时各实参出现的顺序、个数应与函数定义时形参的顺序、个数一致。在调用时，先将实参传递给相应的形参，从而实现参数传递，然后再执行函数的功能。

在 MATLAB 的自带函数中，很多函数可以有不同数量的输入参数，也可以返回不同数量的输出参数，这种功能在自定义函数中也可以实现，即：输入参数存在缺省，但需要实现同一个函数功能。实现这一功能用到的函数为 nargin，即 number of input arguments，可以通过判断 nargin 的值实现输入参数存在缺省值时的函数输出。例如：当输入 1 个参数时，打印字母 a；输入 2 个参数时，打印字母 a，b；输入 3 个参数时，打印字母 a，b，c；上述功能可通过下面的自定义函数实现：

```
function out (a, b, c)
if nargin == 1
    disp (a)
elseif nargin == 2
    disp ( [a, b] )
elseif nargin == 3
    disp ( [a, b, c] )
end
end
```

通过上面的例子可以看出，nargin 函数可以自行判断输入的参数个数，然后通过 if 函数即可实现不同输入参数缺省时函数功能的实现。此外，MATLAB 中的很多自带函数中也有关于 nargin 的使用，读者可以通过 help

功能进行查看。

 实战案例 4-3 差分电迁移率分析仪的多电荷校正

气溶胶在高电压下带电后，其所带的电荷数与气溶胶的粒径有关。因此，需要对颗粒物进行多电荷校正。粒径为 Dp 的颗粒物，带 N 个电荷的概率定义为 $f(N)$。规定：对于 $Dp<20$ nm 的颗粒物，N 只能为 -1、0、1。且认为下面的所有公式只对 $Dp \leqslant 1000$ nm 的颗粒物适用，不考虑颗粒物粒径大于 1000 nm 的情况。

$$f(N) = 10^k$$

$$k = \sum_{i=0}^{5} a_i(N) \times \log(Dp)^i$$

其中，$a_i(N)$ 在不同电荷数（即 N）的情况下取值如表 4-1 所示。

表 4-1 不同电荷数下 $a_i(N)$ 的取值

$a_i(N)$	$N=-2$	$N=-1$	$N=0$	$N=1$	$N=2$
a_0	-26.33	-2.32	-0.0003	-2.35	-44.48
a_1	35.90	0.62	-0.10	0.60	79.38
a_2	-21.46	0.62	0.31	0.48	-62.89
a_3	7.09	-0.11	-0.34	0.0013	26.45
a_4	-1.31	-0.13	0.10	-0.16	-5.75
a_5	0.11	0.03	-0.01	0.03	0.50

对于 $Dp>20$ nm，且带电荷数 $|N| \geqslant 3$ 的情况，则按照下式计算：

$$f(N) = \frac{e}{\sqrt{4\pi^2 \varepsilon_0 Dp\kappa T}} \exp\left(\frac{-\left[N - \frac{2\pi\varepsilon_0 Dp\kappa T}{e^2}\ln\left(\frac{Z_{i+}}{Z_{i-}}\right) \right]^2}{2 \times \frac{2\pi\varepsilon_0 Dp\kappa T}{e^2}} \right)$$

上面所有的公式中，Dp 的单位均为 m（1 m $= 10^9$ nm），使用到的常数如下：$e=1.62\times10^{-19}$，$\varepsilon_0=8.85\times10^{-12}$，$\kappa=1.38\times10^{-23}$，$\frac{Z_{i+}}{Z_{i-}}=0.875$，$T=298$。试编写一个函数，计算粒径为 Dp 的颗粒物带 N 个电荷的概率 $f(N)$。

实战案例 4-3 程序演示：

```
function [cali] = fN (Dp, N)
a = [-26.3328 -2.3197 -0.0003 -2.3484 -44.4756;
    35.9044 0.6175 -0.1014 0.6044…
    79.3772; -21.4608  0.6201  0.3073  0.4800
    -62.8900; 7.0867 -0.1105 -0.3372 0.0013…
    26.4492; -1.3088 -0.1260 0.1023 -0.1553
    -5.7480; 0.1051 0.0297 -0.0105 0.0320 0.5049];%
    输入表 4-1 中的值
    e = 1.60217733 * 10^(-19);
    ep = 8.854187817 * 10^(-12);
    k = 1.380658 * 10^(-23);
    T = 298;
    Z = 0.875;% 输入常数值
if Dp>=1 && Dp <=1000 && abs (N) <=1;% 判断带 0、-1、
    1 个电荷的情况
    index = 0;
    for i = 0: 5
        index = index+a (i+1, N+3) * (log10 (Dp) ^i);
    end
    f = 10^index;
    fprintf ('f =% f', f);
elseif Dp >= 20 && Dp <= 1000 && abs (N) == 2;% 判断
    20nm 以上的颗粒物带 2 个电荷的情况
    index = 0;
    for i = 0: 5
        index = index+a (i+1, N+3) * (log10 (Dp) ^i);
    end
    f = 10^index;
```

```
        fprintf ('f=%f', f);
elseif Dp>=20 && Dp<=1000 && abs (N) >=3% 判断 20nm
    以上的颗粒物带 3 个以上电荷的情况
    C=2*pi*ep*Dp*10^(-9) *k*T;
    f=(e/sqrt(2*pi*C)) *exp((-1*(N-C*log(Z)/
    e^2)^2)/(2*C/e^2));
        fprintf ('f=%f', f);
elseif Dp<1 || Dp>1000 % 判断是否存在粒径超出适用范围的
    情况
    error ('只能输入 1—1000nm 的颗粒物粒径');
elseif Dp>=1 && Dp<20 && abs (N) >1 % 判断是否存在小
    粒子带大于 2 个电荷的情况
    error ('小于 20nm 的颗粒物不能带超过 1 个以上的电荷');
end
```

5.1 数据清洗

在大气环境监测中，可能由于仪器故障等各种原因产生"脏"数据，通常表现为：① 空值，即缺失数据；② 异常值，即超出客观认识的离群数据，如极端高值、负值等；③ 不一致的值，即数据出现前后矛盾。原始数据若不经任何处理就直接进行数据分析，很可能出现程序运行错误或数据错误。数据清洗是指对数据集通过丢弃、填充、替换、去重等操作，达到去除异常、纠正错误、补足缺失、统一格式的目的。在大气监测数据处理过程中，数据清洗通常包含异常数据寻找、异常数据处理两个步骤。

5.1.1 缺失值检测

缺失值即在一段连续的数据中，丢失或者为空值的数据。造成缺失值的常见原因有仪器读入过程错误、意外断电、读入无法识别的值（如汉字、乱码等）。在 MATLAB 中，不同数据类型具有不同的默认缺失值指示符：

➢ double、single、duration 和 calendarDuration 型数据的缺失值指示符为 NaN；

➢ datetime 日期时间型数据的缺失值指示符为 NaT；

➢ string 字符串型数据的缺失值指示符为 <missing>；

➢ categorical 型数据的缺失值指示符为 <undefined>；

➢ char 字符型数据的缺失值指示符为 ''；

➢ 字符矢量 cell 型数据的缺失值指示符为 {''}。

当数据量过大时，难以直接判断是否存在缺失值。这时可以使用 MATLAB 中的 ismissing 函数进行判断，使用方法如下：

```
TF = ismissing (A)
TF = ismissing (A, indicator)
```

ismissing 函数的返回值 TF 是一个与要判断的数组 A 大小相同的逻辑数组。如果存在数值缺失，对应位置的值为 1，否则为 0。输入的 A 可以是一个矩阵或表格。indicator 是数据中缺失值的格式，如果不输入，则按照默认的缺失值格式进行判断：例如，部分仪器的缺失值使用 -999 进行代替，即可以将 indicator 设为 "-999"。比如有下面的一个矩阵 A，其中 NaN 为缺失值：

```
A = [1, NaN, 0; 0, 5, NaN]
TF = ismissing (A)
TF =
  0  1  0
  0  0  1
```

若指定 0 为缺失值，则：

```
TF = ismissing (A, 0)
TF =
  0  0  1
  1  0  0
```

在上面的 ismissing 函数中，如果可以确定需要判断的变量 A 的具体类型，则可以用下面的函数代替 ismissing 来进行使用：

① 当需要判断的变量 A 为 double、single、duration 和 calendarDuration 型时，可以使用 isnan 函数进行代替；

② 当需要判断的变量 A 为 datenum 等日期时，可以使用 isnat 函数进行代替；

③ 当需要判断变量 A 中是否存在正负无穷值时，可以使用 isinf 函数进

行代替。

上述函数的使用方法与 ismissing 相同，返回的结果也是一个与 A 大小相等的矩阵，在满足条件时返回 1，不满足条件时返回 0。

5.1.2　离群值检测

由于实际大气环境监测数据的数据量庞大，数据类型复杂，对于离群值的标准和定义也不同，因此离群值通常较难直接进行判断。在 MATLAB 中，将离群值分为两种情况：① 自定义范围，② 在恒定的数值中出现了变化的值。对于这两种情况，可以使用下面的方法分别进行判断。

（1）isoutlier 函数

如果离群值的范围需要自定义，可以使用 isoutlier 函数进行判断，使用方法如下：

```
TF = isoutlier (A, Name, value)
```

其中，A 是要进行判断的变量，可以是标量、向量或多维数组；Name 是指定的判断方法，value 是预设的值或区间。而返回的结果 TF 与 ismissing 函数类似，也是一个与 A 大小相等的逻辑数组。下面介绍几种常用的 isoutlier 函数使用方法：

① TF = isoutlier (A, 'mean')，以均值方式进行判断，判断为离群值的标准是平均值超过三倍标准差，如果返回 true，则说明变量 A 整体属于离群值。

② TF = isoutlier (A, 'percentiles', threshold)，以指定百分位数进行判断，离群值的标准是 threshold 所指定的百分位数以外的点。threshold 参数是指定上下百分位数的一个 2×1 矩阵，例如指定超过 10%~90% 百分位数的点为离群值，则 threshold 为 [10 90]。

③ TF = isoutlier (A, movmethod, window)，以滑动平均值进行判断。根据 window 定义的长度求滑动平均值，如果在这些数据点中，存在偏离中位数超过了三倍中位数的标准偏差的数据点，则认为是离群值。

（2）ischange 函数

如果数据的正常值是一个定值，与这一定值不相等的数据都是异常值，则可以使用 ischange 函数来查找数据中的突变点。使用方法如下：

```
TF = ischange (A, Name, value)
```

与上面的 isoutlier 函数类似，*A* 是需要判断的变量，Name 是指定的判断方法，value 是最多可以判断多少个突变点。下面列举几种常用的 ischange 函数的使用方法：

① TF = ischange（*A*）返回一个逻辑数组，当 *A* 的对应元素的均值出现突然变化时，该逻辑数组的元素为 1（true）。

② TF = ischange（*A*，method）指定如何定义数据中的变化点。例如，ischange（*A*，'variance'）将计算 *A* 的元素方差的突变。

③ TF = ischange（____，Name，value）使用一个或多个名称—值对组参数指定用于计算变化点的其他参数。例如，ischange（*A*，'MaxNumChanges'，*m*）最多检测到 *m* 个变化点。

④ ［TF，*S*1］= ischange（____）返回有关变化点之间的数据信息。例如，［TF，*S*1］= ischange（*A*）返回包含向量 *A* 的变化点之间的数据均值的向量 *S*1。

需要强调的是，"离群值"与"脏数据"二者并不相同。一般来说，"脏数据"都是"离群值"，而"离群值"则可能是正常的数据。例如，由于局地天气系统的影响，风速可能突然增大或减小。风向也可能发生转变。这时如果按照离群值的判断标准，会认为风向和风速的变化是"离群值"，但实际上这一情况是完全符合实际的，是正常的数据。

5.2　MATLAB 绘图基础

MATLAB 中绘图类型十分丰富，拥有各种绘制数据图的函数。MAT-LAB 绘图功能直观简洁、绘图效果美观、绘图种类多，是环境监测数据处理和可视化的实用工具。如图 5-1 所示，MATLAB 在绘图选项中罗列了诸多绘图的类型和样式。

线图	数据分布图	离散数据图	地理图	极坐标图	等高线图	向量场	曲面图和网格图	三维可视化	动画	图像
plot	histogram	bar	geobubble	polarplot	contour	quiver	surf	streamline	animatedline	image
plot3	histogram2	barh	geoplot	polarhistogram	contourf	quiver3	surfc	streamslice	comet	imagesc
stairs	pie	bar3	geoscatter	polarscatter	contour3	feather	surfl	streamparticles	comet3	
errorbar	pie3	bar3h		compass	contourslice		ribbon	streamribbon		
area	scatter	pareto		ezpolar	fcontour		pcolor	streamtube		
stackedplot	scatter3	stem					fsurf	coneplot		
loglog	scatterhistogram	stem3					fimplicit3	slice		
semilogx	spy	scatter					mesh			
semilogy	plotmatrix	scatter3					meshc			
fplot	heatmap	stairs					meshz			
fplot3	wordcloud						waterfall			
fimplicit	parallelplot						fmesh			

图 5-1 MATLAB 中的常见绘图函数分类

5.2.1 图形窗口简介

MATLAB 绘图的第一种方式是不需要代码，直接通过交互式工具栏进行绘图。打开 MATLAB 软件，可以看到用户栏中"主页""绘图""APP"三个选项，其中"绘图"是该软件中强大的交互式绘图工具（图 5-2），通过点击对应的绘图类型，即可完成绘图。

图 5-2 MATLAB 交互式绘图工具栏

交互式绘图工具，可以在已有数据输入的情况下，通过可视化界面直接进行绘图。如图 5-3 所示，当工作区有可用变量和数据 W 时，选中 W，

点击"绘图"工具，可出现如下情况，绘图工具栏中可选择的绘图类型变为彩色，下拉菜单，选择"所有绘图"，即可获取符合该数据的所有可绘制图形选项。

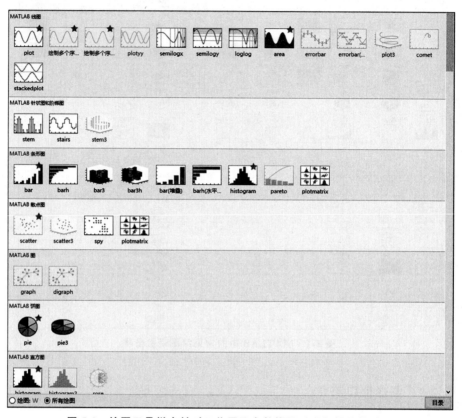

图 5-3　绘图工具栏中针对工作区已有数据可以进行操作的选项

读者可以尝试自己创建一个矩阵，并使用绘图工具栏直接绘制其图像。但显然，通过该方式绘制的图形较为粗略，难以展示全部信息，因此还需要在图形界面进一步的调整，如添加 X 轴和 Y 轴的标题、调整坐标系、增加图例、更改散点大小和颜色等。虽然这一系列的操作，均可以通过手动选择编辑菜单一一实现，但遇到包含信息较多或需要对图像进行批量处理时，使用命令进行调整和更改会更加方便。

5.2.2　图形对象及其句柄

66　　　　MATLAB 的图形是由不同图形对象（如坐标轴、线、面或文字等）组成的。每个图形对象分配了唯一的标识符，称之为句柄，在使用中可以通过该句柄对图形对象的属性进行设置，也可以获取有关属性，从而更加方便灵活地绘制各种图形。

直接通过图形句柄对各类图形对象进行修改和控制的方法一般称为低层绘图操作，而本章 5.2.3 小节中的第二部分所介绍的高层绘图函数则是建立在低层绘图函数的基础上，对整个图形进行操作，图形每一部分的属性 MATLAB 系统按照默认方式设置。但有时高层绘图函数不能满足绘图要求时，就需要使用句柄对图形的每一部分就行控制，因而在本小节将详细介绍 MATLAB 中图形对象及其句柄的基本概念、属性和操作方法。

1. 图形对象

图形对象是 MATLAB 用来创建可视化数据的组件。每个对象在图形显示中都具有特定角色，且由若干个不同的图形对象组成。例如，一个二维线图包含一个图窗对象、一个坐标区对象和一个图形线条对象。其中，图形窗口对象是 MATLAB 中很重要的一类图形对象，所有的图形图像输出都在图形窗口中完成，调用格式为 figure（'Name1', 'value1'），可使用一个或多个名称-值对组参数修改图窗的属性。例如，figure（'Color', 'white'）将背景色设

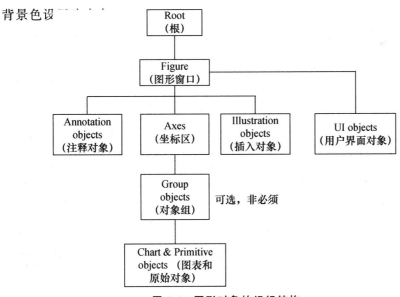

图 5-4　图形对象的组织结构

图形对象按照层次结构组织，如图 5-4 所示。图形对象的层次结构本身反映出对象之间的包含关系，如 Figure（图形窗口）是 Root（根）对象的子对象，而图形窗口作为显示图形和 UI Objects（用户界面对象）的窗口又包含了 Axes（坐标区）对象。坐标区对象包含了线条、文本、图例以及其他用于表示图形的对象。明晰这些对象后，操作者可以通过设置这些对象的属性来自定义图形对象。

2. 图形对象句柄

MATLAB 中每一个图形对象具有唯一确定的值，称其为图形对象句柄。图形对象的句柄由系统自动分配，每次分配的值不一定相同。在获取对象的句柄后，可以通过句柄来设置或获取对象的属性。常见的获取对象句柄函数如表 5-1 所示。

表 5-1　获取对象句柄函数

函　　数	功　　能
gcf	获取当前图形窗口的句柄（get current figure）
gca	获取当前坐标轴的句柄（get current axis）
gco	获取最近被选中的图形对象的句柄（get current object）
findobj	按照指定属性来获取图形对象的句柄

gca 函数调用格式

```
ax = gca
```

使用 ax 获取和设置当前坐标区的属性。例如，当创建图形对象时，对当前图形坐标轴的字体大小、线条粗细、刻度方向、刻度长度以及 y 轴坐标轴范围进行设置时，需先通过 plot 函数返回图形对象，使用 gca 指代当前坐标区，然后，使用句柄的方式查看和设置属性。

3. 图形对象属性

MATLAB 可以通过设置特定图形对象的属性来控制其行为和外观。这里包含两个概念：① 属性名，即每种对象的每个属性都规定了名字（一般为其英文单词，用单引号括起来使用）；② 属性值，即每种属性名的取值。要设置属性，需通过创建该对象的函数将其以输出参数的形式返回（如上一小节所示）。除了如上的圆点表示法外，常用的属性调用函数如表 5-2 所示。

表 5-2　属性调用函数

函　　数	功　　能
get	查询图形对象属性
set	设置图形对象属性
reset	将图形对象属性重置为其默认值

（1）get 函数调用格式

```
get (h, propertyName)
```

通过 get 函数调用的方式中，h 是句柄，propertyName 是属性名，使用时须用单引号将属性名引起来，例如，查询 h 的颜色 get（h,'Color'）。

（2）set 函数调用格式

```
set (H, Name, value)
```

通过 set 函数，可以直接设置 H 对象的某一属性，其中 Name 是需要设置的属性，value 是给这一属性的赋值。例如，将 H 对象的颜色变为红色，则可以输入 set(H,'Color','red')。关于 set 函数的调用形式，详见 5.3.2 节。

（3）reset 函数调用格式

```
reset (H)
```

如果需要将对象中已经设置的属性清空回到默认值，则可以通过 reset 函数实现。例如，将 H 对象所有设置的属性都清空，可以使用 reset（H）实现。如果 H 对象的属性没有设置过，则 reset 指令不会生效，因为相当于将默认值清空，并重新设置为了默认值。

下面，通过绘制并调整 $0 \leqslant x \leqslant 10$ 区间内的 $y = \sin(2x)$ 函数图像，来对上面的操作进行理解，读者可跟随指令进行逐条输入，并观察图像的变化。

① 函数图像的绘制

```
x=linspace (0, 10);
```

```
y=sin (2*x);
h=plot (x, y) % 绘制 y=sin (2x) 的函数图像
ax=gca; % 使用 ax 获得当前坐标系的控制权
```

② 设置坐标轴属性

```
ax.FontSize=16; % 将坐标系的字体大小调整为16
ax.FontName='Times New Roman'; % 设置坐标系字体为新罗马
ax.FontWeight='Bold'; % 加粗
ax.LineWidth=0.5; % 将坐标轴的线宽调整为0.5磅
ax.TickDir='in'; % 将坐标轴的坐标显示在图像内部
ax.TickLength= [0.01 0.04]; % 将坐标轴的坐标间隔设置
    为0.04，坐标长度设置为0.01
ax.YLim= [-1 1]; % 设置y轴的范围在-1~1
ax.XGrid='on'; % 打开x轴的刻度
```

③ 调整函数图像的颜色、宽度

```
h.Color= [0 0 1]; % 将函数图像调整为蓝色（RGB 为（0，
    0，255））
h.LineWidth=1.5; % 将函数图像的线宽调整为1.5磅
```

得到效果图如图5-5所示。

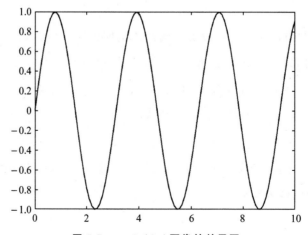

图5-5 $y=\sin(2x)$ 图像的效果图

5.2.3 基本的绘图操作

（一）绘图步骤

创建一个基本图形的流程如表 5-3 所示，该表列出了一些基本绘图步骤以及每个步骤的典型实例。如果仅需要将各种数据在图形中显示出来，则进行步骤 1 和步骤 3 操作即可，此时与上一节简单的交互式绘图得到的结果相同；如果我们在创建描述性更为充分的图形时，就需要对图形进行定位、添加注释、调整线型和颜色以及其他操作，如表 5-3 中的步骤 2~6。最后，绘制的图形需要输出用于文章发表或者监测报告等。表 5-3 中的步骤 2~7 将在下面二维图形绘图的基础操作中进行详细介绍。

表 5-3　基本绘图步骤

步　　骤	典型命令
1. 准备绘图数据	x = linspace（-2 * pi，2 * pi，100）； $y1$ = sin（x）；
2. 选择一个窗口并在窗口中给定图形定位	figure subplot
3. 调用绘图函数	plot
4. 选择线型和标记特性	set
5. 设置坐标轴的极限值、标记符号和网格线	axis grid on/off
6. 使用坐标轴标签、图例和文本对图形进行注释	$x$label，$y$label legend title text
7. 输出图形	print，saveas

（二）二维图形绘图的基础操作

MATLAB 基本的二维图形包括线型（Line）、散点型（Scatter）、条形（Bar）、极坐标型（Polar）及矢量图（Vector Fields）。在针对环境大气的外场观测中，我们最常处理的数据就是某变量随时间的变化，以及获取其变量随时间的变化信息，也就是常见的时间序列绘图。时间序列绘图中最常用的就是点线图和折线图。本节以散点图为例，结合表 5-3，讲解二维图形绘图的基础操作，使得我们能够快速对图形进行更改、调整和美化。

1. 散点图的绘制

代表性命令包括：

（1）figure 函数

使用默认属性值创建一个新的图窗窗口，生成的图窗为当前图窗。

命令格式：figure（Name，value）使用一个或多个"名称-值"对组参数修改图窗的属性。例如，figure(' Color',' white')将背景色设置为白色。

（2）plot 函数

实现线图的创建，是最经典、最基本的调用格式。

命令格式：plot（x，y），创建 y 中数据对 x 中对应值的二维线图。plot(x,y，LineSpec)，通过 LineSpec 设置线型、颜色以及数据点的标记类型。常见的 LineSpec 符号及其意义如表 5-4 所示。

表 5-4　常见的设置线型、颜色以及数据点的符号及意义

线型	意义	颜色	意义	数据点	意义
－	实线	r	红色	+	加号
-.	点划线	g	绿色	o	圆圈
--	虚线	b	蓝色	*	星号
:	点线	c	蓝绿色	.	点

若不满足于表 5-4 中对于线型的基本设置，还可以参阅 MATLAB 的帮助文档中对于"**Line 属性**"的介绍，设置图形线条的外观和行为。这里，简单列出 Line 属性中的类别和命令，如表 5-5 所示，各类别中的调整可在使用时查阅在线帮助文档。

表 5-5　Line 属性可设置的属性及命令

线条属性	标　记	命　　令
Color—颜色	Marker—符号	
LineStyle—线型	MarkerSize —标记大小	以颜色属性举例：
LineWidth—宽度	MarkerEdgeColor —标记轮廓颜色	p = plot（x，y，' Color'，'-'）； p = plot（x，y）；
LineJoin —线条边角的样式	MarkerFaceColor —标记填充颜色	c = p. Color； p. Color=' red '；
AlignVertexCenters —锐化垂直线和水平线	MarkerIndices —要显示标记的数据点的索引	

（3）scatter 函数

实现散点图的绘制，该类型的图形也称为气泡图。

命令格式：scatter（x，y）在向量 x 和 y 指定的位置创建一个包含圆形的散点图。

（4）scatter（x，y，Name，value）

使用一个或多个名称-值对组参数修改散点图。例如，'LineWidth'，2 将标记轮廓宽度设置为 2 磅。散点图也可以对数据点的大小、颜色和形状等进行详细的设置，并且可以对不同的数据段进行限定修改。

2. 图窗的分割

代表性命令包括：

subplot 函数：实现在同一个窗口中同时显示多个图像的命令

命令格式：subplot（m，n，p）将当前图窗划分为 $m×n$ 网格，并在 p 指定的位置创建坐标区。需要注意的是，MATLAB 中按行号对子图位置进行编号。第一个子图是第一行的第一列，第二个子图是第一行的第二列，依此类推。例如，subplot（2，2，1）是指将图窗分为 2 行和 2 列共 4 个区域，"1"是指第 1 行和 1 列处的区域，而 subplot（2，2，2）是指第 1 行和 2 列处的区域。如果指定的位置已存在坐标区，则此命令会将该坐标区设为当前坐标区。

3. 坐标轴调整

代表性命令包括：

（1）axis 函数：实现坐标轴的调整

命令格式：

① axis（limits）设置坐标轴在指定的区间。以包含元素的向量形式指定范围，比较常用的形式为 axis（[$xmin$ $xmax$ $ymin$ $ymax$]）。当 x 和 y 轴的范围具有不同的数据类型，此时对于坐标轴的设置可以分别使用 axislim（limits）进行设置，其中 axis 是坐标轴的具体名称，如 x、y 等。

② axis mode 设置是否自动选择范围。其中，mode 模式可以指定为 manual（手动设置范围）、auto（自动设置）或者半自动选项之一。axis auto 将当前绘图区的坐标轴范围设置为 MATLAB 自动调整的区间。而 axis manual 冻结当前坐标轴范围，以后叠加绘图都在当前坐标轴范围内显示；而半自动设置则是可以根据需求，结合 MATLAB 自动调整，对坐标轴的比例进行设置，方法如下：

- axis equal 等比例坐标轴；
- axis square 以当前坐标轴范围为基础，将坐标轴区域调整为方格形；
- axis normal 自动调整纵横轴比例，使当前坐标轴范围内的图形显示达到最佳效果，范围选项和比例设置可以联合使用，默认的设置为 axis auto normal。

（2）set 函数：实现图形对象属性的设置

命令格式：set（H, Name, value）为 H 标识的对象，指定其 Name 属性的值。使用时须用单引号将属性名引起来。例如使用 set 函数达到对坐标轴刻度进行设置的目的：

① set（H, 'XTick', [0 1 2]），x 坐标轴刻度数据点位置；

② set（H, 'XTickLabel', {'a', 'b', 'c'}），x 坐标轴刻度处显示的字符；

③ set（H, 'FontName', 'Times New Roman', 'FontSize', 14），设置坐标轴刻度字体名称、大小等。

（3）legend 函数：实现不同图例的说明

命令格式：

① legend（____, 'Location', lcn）设置图例位置。lcn 为设置图例相对于坐标区的位置，可通过在线帮助文档查阅更多位置对应的值。例如，'Location', 'northeast' 将在坐标区的右上角放置图例。

② legend（bkgd）（其中 bkgd 为'boxoff'）删除图例背景和轮廓。bkgd 的默认值为'boxon'，即显示图例背景和轮廓。

4. 控制网格线

代表性命令包括：

grid 函数：显示或隐藏坐标区网格线

命令格式：

① grid on 显示当前坐标区或图的主网格线。主网格线从每个刻度线

延伸。

② grid off 删除当前坐标区或图上的所有网格线。

③ grid（target，＿＿＿＿）使用由 target 指定的坐标区或图，而不是当前坐标区或图。指定 target 作为第一个输入参数。使用单引号将其他输入参数引起来，例如，grid（target，'on'）。

若需要更改网格线的外观，可以使用 ax＝gca（图形句柄）返回当前图窗中的当前坐标系，然后使用 ax.GridLineStyle、ax.GridColorMode 和 ax.GridAlpha 等去设置网格线的线型、颜色和透明度等，需要更改时可查询在线帮助文档查阅属性值。

5. 图片的保存

（1）直接另存为

在 figure 中使用菜单 file（文件）—save as（另存为）—选择保存形式（可以保存为 .fig、.eps、.jpeg、.gif、.png、.bmp 等格式。默认的导出格式为 .fig 格式，可以在 MATLAB 中打开并再次编辑。如不需要再次编辑，可选择导出为 .jpg、.tiff 等常用格式）。这种方法的缺点是另存为的图像在清晰度上有很大的损失，可以通过设置导出选项中的分辨率提高导出图像的清晰度，但仍可能有损失。

（2）复制到剪贴板

在 figure 中使用菜单 edit（编辑）—copyfigure（复制图窗），此时图像就复制到剪贴板了，可借助其他软件工具（如绘图板）进一步保存图片。需要注意的是在"copy options(复制选项)"中要选择"Bitmap(位图)"。

（3）saveas 函数

MATLAB 提供直接的 saveas 函数可以将指定 figure 中的图像或者 simulink 中的框图进行保存，相当于直接操作中的"另存为"。

saveas 的格式为：saveas（gca，filename，fileformat），其中的 3 个参数为：

① gca（图形句柄）：如果图形窗口标题栏是"Figure 1"，则句柄就是1；也可以直接用 gcf 获取当前窗口句柄；

② filename（文件名）：单引号字符串，指定文件名；

③ fileformat（储存格式）：单引号字符串，指定存储格式。

（4）print 函数

MATLAB 中可以使用 print 直接将图片"打印"到文件中，实现保存图片的功能。print 的格式为：print（figure_handle，fileformat，filename），其中的 3 个参数为：

① figure_handle（图形句柄）：如果图形窗口标题栏是"Figure 1"，则句柄就是 1；也可以直接用 gcf 获取当前窗口句柄；

② fileformat（储存格式）：单引号字符串，指定存储格式（其中，png 格式：'-dpng'、jpeg 格式：'-djpeg'、tiff 格式：'-dtiff'、bmp 格式：'-dbitmap'、gif 格式：'-dgif'和 emf 无损格式：'-dmeta'）；

③ filename（文件名）：单引号字符串，指定文件名。

（5）exportgraphics 函数

上面的 4 个函数可以保存图像或图形句柄，而 exportgraphics 函数则提供了一种可以将任何类型的坐标区、图窗、独立可视化、分块图布局进行保存的方法，而且在内容周围只保留了很小的边框。exportgraphics 函数的使用格式为：exportgraphics（obj，filename，Name，value），其中的 2 个参数为：

① obj（图形对象）：可以是坐标区（需要使用 gca 进行指定）、图形窗口（需要使用 gcf 进行指定）、分块图布局（需使用 subplot 进行绘图）、独立可视化窗口（如 heatmap）；

② filename（文件名）：要保存的文件名，格式可以是 .jpg、.png、.bmp、.pdf、.tif、.eps 等常用格式，也可以是保存成 .gif 格式的动图；

③ Name（选项名）：可以指定分辨率('Resolution')、类型('ContType')、是否按照多页保存('Append')、背景色('BackgroundColor')等，第四个变量 value 是 Name 对应的值。

下面，以绘制黑碳浓度的时间序列为例，讲解散点图的绘图及对绘图区的坐标轴和图像进行调整的方法。在文件 example5_1.xlsx 中，存储有某时间段的黑碳浓度时间序列。本例不显示最终导出图片的效果，请读者跟随下面的演示，对命令进行逐行输入，并观察每一步输入后图像发生了怎样的变化，以加深对 MATLAB 的二维图形绘图的理解。

 实战案例 5-1

（1）读取数据，进行绘图

```
clear
[A B] =xlsread ('…\example5_1.xlsx');% 读取数据
tt =datenum(B(2:end,1));% 将日期转换成 MATLAB 时间
scatter (tt, A)% 对黑碳浓度作散点图，以时间为横轴
xlabel ('观测时间');% 设置 x 轴标题
ylabel ('黑碳浓度（ug/m^3）');% 设置 y 轴标题
title ('散点图');% 设置图片标题
```

（2）调整坐标轴字体，显示

```
xlabel('Time','FontSize',16,'FontName','Times New Ro-
    man','FontWeight','bold');% 将 x 轴的标题设置为 Time，
    16 号字号，新罗马字体，加粗
ylabel(' BC conc(ug/m^3)','FontSize',16,'FontName',
    'Times New Roman','FontWeight','bold');% 同上，更改 y
    轴显示
set(gca,'FontName','Times New Roman','FontSize',
    14);% 将绘图区设置为新罗马字体、14 号字
ylim ( [4.5 6] );% 设置 y 轴范围为 4.5—6
```

（3）更改图像显示

```
ax =gca;% 使用 ax 取得当前图像坐标轴的控制权
grid (ax, 'on');% 添加坐标对应的网格
ax.YGrid ='off';% 将 y 轴网格删除，只保留 x 轴网格
ax.GridLineStyle ='--';% 将网格的形式更改为虚线
ax.GridAlpha =1;% 将网格的粗细更改为 1 磅
```

（4）图像保存

```
saveas (1, 'save', '.png');% 将当前图像保存为 .png 格式
```

5.3 常用的绘图种类及方法

本节以大气科学与环境科学领域外场观测数据为例，介绍以上分类中在科研工作常见的数据展示图形及绘图方法，包括误差棒图、箱线图、条形图、热图、等高线图、地图等。

5.3.1 误差棒图的绘制

误差棒图通常是展示数据平均值和变异度的常用方法，是常见的线图之一，绘图命令为 errorbar（x，y，err），绘制 y 对 x，并带有误差棒的图。根据绘图需要，还可以在 x 轴方向上绘制水平误差棒等。我们使用不同 $PM_{2.5}$ 平均浓度下，颗粒物的硝酸盐浓度统计结果进行绘图，绘图数据文件为 example5_2.xlsx。

```
clear
[A B] =xlsread ('…\example5_2.xlsx');% 读取数据
PM25 =A (:, 1);% 读入 PM2.5 的数据, 作为横轴
NO3 =A (:, 2);% 读取硝酸盐的数据, 作为纵轴
error =A (:, 3);% 读取硝酸盐的误差值
errorbar (PM25, NO3, error, 'o');% 绘制误差棒图, 以空
    心圆点表示
xlabel ('PM_2_._5 (μg/m^3)', 'FontSize', 10, 'Font-
    Name', 'Times New Roman');% 设置 x 轴名称为 PM2.5 (μg/
    m3), 10 号字, 新罗马字体
ylabel ('NO3 (μg/m^3)', 'FontSize', 10, 'FontName',
    'Times New Roman');% 设置 y 轴名称为 NO3 (μg/m3), 10
```

号字，新罗马字体

xlim（［0 100］）;% x 轴范围为 0—100

ylim（［0 60］）;% y 轴范围为 0—60

set（gca,'FontName','Times New Roman','FontSize',
10);% 将绘图区设置为新罗马字体、10 号字

效果图如图 5-6 所示。

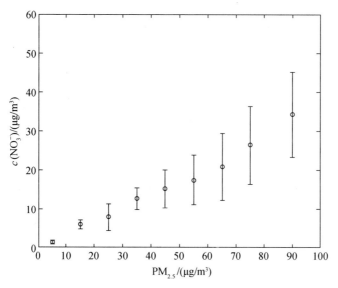

图 5-6　误差棒图的效果图

在图 5-6 的基础上，进一步进行调整：

errorbar（PM25,NO3,error,'o','Color','b','LineWidth',
1.5,'MarkerSize',8,'MarkerEdgeColor',［0 0 0］,
'MarkerFaceColor',［1 1 1］);% 绘制误差棒图，以空心圆
点表示，将误差棒的颜色设置为蓝色，粗细为 1.5 磅；圆点的
大小为 8，圆点使用白色填充，黑色边框

f=gca;

xlabel('PM_2_._5（\miug∕m³）','FontSize', 16,'Font-
Name', 'Times New Roman', 'FontWeight', 'Bold');% 设
置 x 轴名称，16 号字，新罗马字体，加粗

79

```
ylabel('NO_3^- ( \miug/m^3)', 'FontSize', 16, 'Font-
    Name', 'Times New Roman', 'FontWeight', 'Bold');% 设
    置 y 轴名称，16 号字，新罗马字体，加粗
f.FontSize = 16;% 调整绘图区字体大小为 16
f.FontName = 'Times New Roman';% 调整绘图区字体为新罗马
f.FontWeight = 'Bold';% 调整绘图区字体加粗
f.XGrid = true;% 打开 x 轴网格线
f.YGrid = true;% 打开 y 轴网格线
f.XTick = [0: 10: 100];% 设置 x 轴坐标为 0-100，每 10
    显示一次
f.YTick = [0: 5: 60];% 设置 y 轴坐标为 0-60，每 5 显示一次
f.TickLength = [0.02 0.005];% 设置坐标轴长度为主坐标
    0.02，副坐标为 0.005
f.XMinorTick = true;% 显示 x 轴副坐标
f.YMinorTick = true;% 显示 y 轴副坐标
```

经过以上设置后，得到的图像如图 5-7 所示。

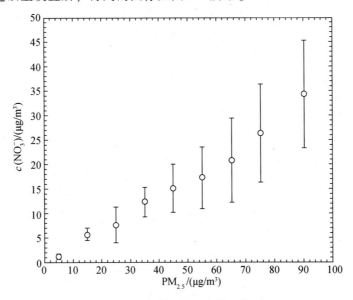

图 5-7　调整后的误差棒图像

5.3.2　箱线图的绘制

箱线图，是利用数据中的 5 个特征值——最小值、第一四分位点（25%分位点）、中值、第三四分位点（75%分位点）、最大值来描述数据的图形（图 5-8）。箱线图的主要作用是估计数据整体的分布和分散情况，特别可用于对几个样本的比较。绘制箱线图的常用绘图函数为 boxplot（x）。下面通过绘制某个月的环境相对湿度日变化的箱线图，来介绍箱线图的绘制方式，绘图文件为 example5_3. xlsx。

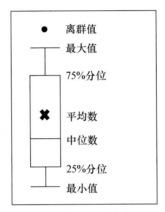

图 5-8　箱线图特征解释

```
clear
[A B] =xlsread ('…\ example5_3.xlsx');
boxplot (A, 'Labels', {'0 点', '1 点', '2 点', '3 点', '4 点',
  '5 点', '6 点', '7 点, …
    '8 点', '9 点', '10 点', '11 点', '12 点', '13 点', '14 点',
     '15 点', '16 点', …
    '17 点', '18 点', '19 点', '20 点', '21 点', '22 点',
     '23 点'});
axis normal
xlabel ('时间', 'FontSize', 16, 'FontWeight', 'Bold');
ylabel ('相对湿度 [%]', 'FontSize', 16, 'FontWeight',
  'Bold');
```

得到的效果图如图 5-9 所示。

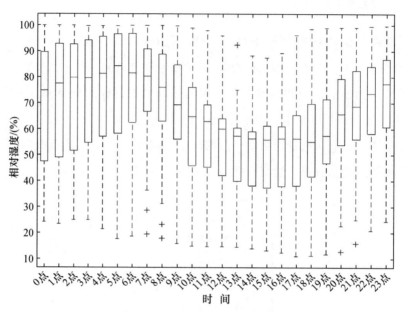

图 5-9　相对湿度的日变化箱线图

同样，可以用下面的代码对图像进行优化：

```
boxplot (A, 'Labels', {'0 点', '1 点', '2 点', '3 点', '4 点',
    '5 点', '6 点', '7 点', …
        '8 点', '9 点', '10 点', '11 点', '12 点', '13 点', '14 点',
        '15 点', '16 点', …
        '17 点', '18 点', '19 点', '20 点', '21 点', '22 点', '23 点'},
        'BoxStyle', 'outline', 'Colors', 'k'…,
        'OutlierSize', 6, 'Symbol', ['r', 'o'], 'Width',
        0.6);% 设置箱体为透明，黑色边框，离群值大小为 6 磅，
        红色圆点表示，箱体宽度为 0.6 磅
set (gca, 'Fontsize', 16, 'FontName', '宋体', 'Font-
    Weight', 'Bold');% 设置绘图区字号为 16 磅，字体为宋体，
    加粗
xlabel ('时间');
ylabel ('相对湿度 [%]');
```

```
set (gca, 'YLim', [10 100]);
```

调整后的效果如图 5-10 所示。

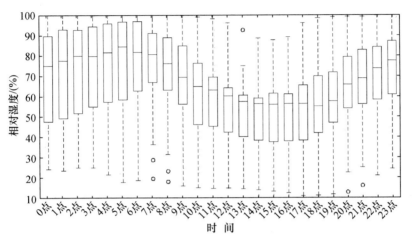

图 5-10   调整后的箱线图

箱线图中的"离群值"是 MATLAB 通过输入的数据值进行计算得出的。如图 5-8 所示，将所有数据点由大到小排列，排位在 25%～75% 的数据组成了整个箱体，这两个数据之间的差值被称为"四分位差"（IQR）。而当不在箱体内的数据点与箱体边缘的数据点之差大于 1.5 倍 IQR 时，就被认为是离群值。即：排位 0%～25% 的数据点与排位第 25% 的数据点之差，排位 75%～100% 的数据点与排位第 75% 的数据点之差大于 1.5 倍 IQR 的数据点都是离群值。排除离群值之后，最大值和最小值即为图 5-9 和图 5-10 中箱体虚线的两端。

5.3.3   条形图的绘制

条形图，是常用于统计数据的作图方式，根据数据类型可以作一组或多组条形图的比对，或是堆叠多组进行展示。常用绘图函数为 bar（x，y），在 x 指定的位置绘制条形图。不需要指定位置绘制时，直接使用 bar（y）创建一个条形图，y 中的每个元素对应一个条形。如果 y 是 $m \times n$ 矩阵，则 bar 创建每组包含 n 个条形的 m 个组。下面通过不同 $PM_{2.5}$ 浓度下颗粒物化学组分的条形图表示方法来讲解条形图的绘制方法。数据文件在 example5_4. xlsx 中，要求通过堆积条形图的形式进行表示。

```
clear
[A B] =xlsread ('… \ example5_4.xlsx');
SO4 = A (:, 1)';
NO3 = A (:, 2)';
NH4 = A (:, 3)';
Cl = A (:, 4)';
Org = A (:, 5)';
x = [1: 7];
y = [SO4; NO3; NH4; Cl; Org];%将不同组分合并
b = bar (x, y, 'stacked');%使用 stacked 产生堆叠直方图
b (1) .FaceColor = [1 0 0];%调整第一个 bar 的颜色为
    红色
b (2) .FaceColor = [0 0 1];% 调整第二个 bar 的颜色为
    蓝色
b (3) .FaceColor ='#FFA500';% 调整第三个 bar 的颜色为
    橙色
b (4) .FaceColor ='#FFC0CB';% 调整第四个 bar 的颜色为
    粉色
b (5) .FaceColor = [0 1 0];% 调整第五个 bar 的颜色为
    绿色
set (gca, 'FontSize', 16, 'FontName', 'Times New Ro-
    man', 'FontWeight', 'Bold');%修改坐标字体
legend (b, '硫酸盐', '硝酸盐', '铵盐', '氯盐', '有机物', 'Lo-
    cation', 'northeastoutside', 'FontName', '黑体');%
    在右上角生成图例
set (gca, 'XTickLabel',   {'<10', '10—15', '15—20',
```

```
'20—25', '25—30', '30—35', '>35'} );%设置 x 轴坐标为
对应的 PM2.5 浓度范围
set (gca, 'YTick', [0: 10: 50], 'YGrid', 'on');%设置
y 轴坐标显示间隔为 10，打开 y 轴刻度
xlabel ('PM_2_.5浓度, 'FontName', '黑体');%设置 x 轴
坐标名称和字体
ylabel ('化学组分（μg/m^3)', 'FontName', '黑体');%设置
y 轴坐标名称和字体
```

效果图如图 5-11 所示。

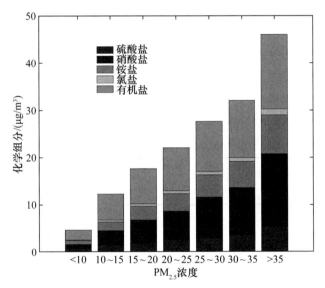

图 5-11 不同 $PM_{2.5}$ 浓度下颗粒物化学组分堆积柱状图

5.3.4 热图的绘制

热图，是一种常见的可视化作图方法，因其丰富的色彩变化和生动饱
满的信息表达被广泛应用于各种大数据分析场景。热图的作图形式多样，
可根据数据形式和作图目的绘制不同的类型，如相关性热图（图 5-12）、
时间序列热图、3D 热图等。常用绘图函数为 heatmap（cdata），常见的用
法如下：

```
heatmap (xvalues, yvalues, 'Colorvariable', cvar)
```

其中，xvalues 和 yvalue 对应变量 x 和 y 的值，"Colorvariable" 是染色类型，可以根据后面的 cvar 实现对图形的染色效果。常见的染色类型如 "summer"（黄绿色调）、"autumn"（红黄色调）、"jet"（彩虹渐变色）等，可以自行设置。下面通过气体污染物相关性的染色图，对热图的绘制进行讲解。数据文件为 example5_5. xlsx，表格中的每一列是一种气体污染物，要求对这几种污染物之间做相关性，并表示为染色图矩阵的形式。

```
clear
R = corrcoef (A);% 相关性分析，默认使用 Pearson 相关
    系数
string_name = {'O_3', 'SO_2', 'NO', 'NO_2', 'NOx',
    'Ox'};% 设置标题
xvalues = string_name;% 将 x 轴标题设置为几种污染物
yvalues = string_name;% 将 y 轴标题设置为几种污染物
a = heatmap (xvalues, yvalues, R, 'FontSize', 10,
    'FontName', 'Times New Roman');% 绘制热图，并调整字
    体为新罗马，字号为 10 磅，默认在区域内显示相关系数的值
colorbar
colormap (summer)% 染色风格设置为"summer"
caxis ( [-1 1] );% 设置染色范围为-1~1
set (gca, 'FontName', 'Times New Roman', 'FontSize',
    16);
```

效果图如图 5-12（彩插图 5-12）所示。

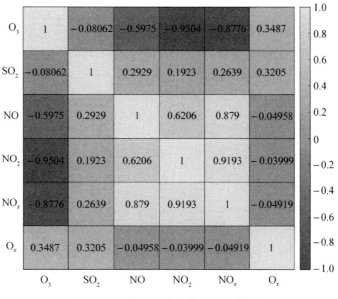

图 5-12 不同污染物的相关性热图

5.3.5 等高线图的绘制

等高线图，是一种常见的等值线作图方法。一般，常见的二维等高线图有矩阵的等高线图、填充的二维等高线图等，三维等高线图有三维体的等高线图、三维体切片平面的等高线等。例如，常见的天气形势图中，等压线图就是一种典型的等高线图。在大气环境监测中，最常用的等高线图是颗粒物粒径谱分布图。绘制二维等高线图的函数是 contourf (x, y, Z) 其中 x 和 y 分别代表横纵坐标，Z 代表在坐标 (x, y) 上的值。例如在文件 example5_6.xlsx 中，有某一时间段内的颗粒物粒径谱分布测量结果，需用等高线图绘制不同粒径颗粒物浓度的时间变化，即可通过下面的命令实现。

```
clear
[A B] =xlsread ('…\ example5_6.xlsx');
dN_dlogDp = A (2: end,:);% 将除第一行的数据读取为绘图
    数据
Dp = A (1,:);% 读取粒径 Dp
```

```
Time = B (:, 1);% 读取时间

x = datenum (Time) ';% 将时间矩阵维度调整为与 Dp 一致

y = log10 (Dp) ';% 设置 y 轴坐标为对数值

z = log10 (dN_dlogDp) ';% 将 dN/dlogDp 调整为对数形式进
    行染色

z (z<=-inf) = 1;% 原数据中存在 NaN, 对数后显示为-inf,
    将这些值去除, 在染色中显示为最小值, 即 0

figure

[C, h] = contourf (x, y, z, ' LineStyle ', ' none ',
    'LevelList', [linspace (min (min (z) ), max (max
    (z) ), 200) ] );% 设置等高线步长为 100

ylabel ('Dp [nm] ');% 设置 y 轴标题

set (gca, 'YTick', [log10 (10) log10 (20) log10 (50)
    log10 ( 100 ) log10 ( 200 ) log10 ( 500 ) log10
    (700) ] );

set (gca, 'YTickLabel', {'10''20''50''100''200''500''
    700'} );% 设置 y 轴坐标

caxis ( [1 5] );% 设置当前坐标区的颜色图范围

cb = colorbar;

cb.Position = [0.9113 0.12 0.0234 0.8];

cb.Ticks = [1 2 3 4 5];

cb.TickLabels = {'10^1', '10^2', '10^3', '10^4', '10^5'};

cb.Label.String ='dN/dlogDp (#/cm^3)';

ylim ( [log10 (5) log10 (700) ] );% 设置 y 轴范围

set (gca, 'XTick', [linspace (datenum ("2021/6/19
    0: 0"), datenum ("2021/6/26 0: 0"), 10) ] );% 设置
    x 轴标题和坐标

set (gca, 'FontName', 'Times New Roman', 'FontSize',
    16, 'FontWeight', 'Bold');
```

```
set ()
datetick ('x', 'mm/dd');
xlim ( [datenum ("2021/6/19 0: 0"), datenum ("2021/
    6/26 0: 0") ] );%设置 x 轴范围
colormap (jet);
```

效果图如图 5-13（彩插图 5-13）所示。

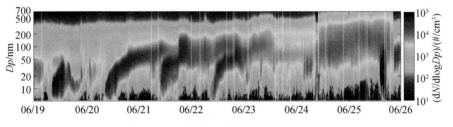

图 5-13 颗粒物数浓度谱时间序列图

5.3.6 地图的绘制

有时为了表示某污染物浓度的空间分布情况，需要在地图上进行点位标记和绘图。除了使用 ArcGIS、Adobe Illustrator 等软件绘制地图外，MAT-LAB 也提供了地图绘制的功能。此外，在 MATLAB 中也内置了世界地图，并可使用参数设置来选择展示哪一个区域。具体的使用方法如下：

（1）worldmap 函数

```
worldmap ('position')
```

该函数可以调出绘图区，并指定 position 所在的区域。如果不指定"position"，则会出现如图 5-14 所示的界面。

在这一对话框中选择区域，与直接在"position"中输入代码的效果是相同的，绘图的经纬度会做出调整以符合选择的区域。但是此时绘图得到的是只有经纬度的空白地图，没有任何的区域显示。此时，需要进一步通过 load 函数载入并选择数据以完成绘图。目前 MATLAB 中默认加载的地图数据总结如表 5-6 所示。

图 5-14   wordmap 不指定区域时的默认界面

表 5-6   MATLAB 地图中支持的 load 数据

命　令	效　　　果	命　令	效　　　果
coastlines	世界海岸线	oceanlo	海洋遮罩多边形
conus	美国、五大湖国界线	seatempm	全球多通道海面温度
geoid60c	全球大地水准高度网	stars	天体恒星位置和坐标
korea5c	朝鲜半岛地形、水深	usamtx	美国各州数据网格
layermtx	地理定形定位网格	russia	网格化土地、水域边界
moonalb20c	克莱门汀月球反照率	usgslulegend	USGS 土地利用类型

如果需要绘制 MATLAB 中这些默认的地图，可通过 load 指令加载数据，加载的数据是经纬度的格式，然后通过 plotm 绘制即可。但是在实际应用中，通常涉及的情况是对某个特定的区域，例如对某个省、市、区作图等，这时 MATLAB 自带的地图数据就无法满足需求了。MATLAB 可以使用 shp 文件实现自定义地图绘图，这一操作需要带有地理坐标信息的 shp 文件，一般可以通过网络下载或在 ArcGIS 中使用坐标校正功能，完成投影和定位后导出。shp 文件进行绘图的相关函数和使用方法如下。

（2）shaperead 函数

```
fn_shp = shaperead ('filename', 'Name', 'value')
```

在这一命令中，filename 是 shp 文件对应的文件名，"Name"和"value"是控制 shp 文件属性的对应名称和参数设定值。执行 shaperead 函数后，得到的仅是 shp 文件对应的数据，没有任何图像输出。后续还需要通过函数执行图形的输出，使用的函数和方法如下：

（3）geoshow 函数

```
geoshow (map, fn_shp,'Name','value')
```

这一命令中的 map 即使用 worldmap 函数得到的地图，fn_shp 是读取的 shp 文件，"Name"和"value"用于设置图形的属性和参数，具体设置可参考 5.2 节中的内容。

6.1　拟合

数据的拟合是指对于一组自变量 x 和一组因变量 y，在二者关系未知的情况下，构造一个函数去尽可能贴近一个复杂的、未知的数量关系。MATLAB 中的 cftool 工具介绍了 MATLAB 可以实现的拟合形式。调用 cftool 工具箱后，会出现如图 6-1 所示的交互页面。

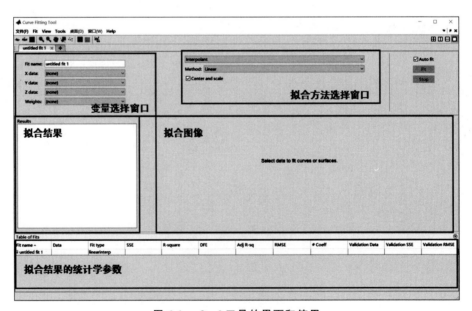

图 6-1　cftool 工具的界面和使用

其中，X data 栏表示的是自变量，Y data 栏表示的是因变量，如果有第三维变量，可以通过 Z data 栏导入，Weights 是可以对自变量和因变量赋予的权重。在拟合方法的选择上，包括多项式拟合（阶数从 1 开始，最多到

5）、指数拟合、傅里叶拟合、高斯拟合、幂拟合、有理数拟合、平滑拟合、插值拟合、正弦拟合、自定义函数拟合几种。在拟合结果一栏，显示的是拟合结果中的常数值以及置信区间。拟合图像显示了实测值和预测曲线，可以直观地判断拟合效果是否理想。而统计学参数给出了包括平方相关系数（R^2）、均方根误差（RMSE）、拟合误差平方和（SSE）等信息，可从统计学角度判断拟合结果。表 6-1 总结了 MATLAB 的部分拟合方法中的拟合形式。

表 6-1　MATLAB 中的部分拟合方法及形式

拟合方法	拟合形式
多项式拟合	$y = ax^m + bx^{m-1} + \cdots + cx + d$（$1 \le m \le 5$）
指数拟合	$y = a\exp(b \times x) + c\exp(d \times x)$（$a \ne 0$，$c$ 可以为 0）
傅里叶拟合	$y = a + b\cos(w \times x) + c\sin(w \times x)$
高斯拟合	$y = a\exp\left(-\left(\dfrac{x-b}{c}\right)^2\right)$
幂拟合	$y = ax^b + c$（$b \ne 0$，1）
正弦拟合	$y = a\sin(bx+c)$（基础型）

对于多数情况，MATLAB 的 cftool 工具中自带的拟合形式都可以满足需求。但对于某些特殊需求，例如涉及某一指定周期的函数、多种函数复合进行拟合的情况，cftool 工具则无法满足要求。此时，可以通过 fittype 函数，自行指定函数形式进行拟合。fittype 函数的使用方法如下：

（1）fittype 函数

fittype 函数的调用形式如下：

```
aFittype = fittype (expression, Name, Value)
```

aFittype 是函数的表达式，给出的结果是一个被定义的 fittype 数组，括号中的 expression 是自定义的函数表达式，Name 是变量类型，Value 是变量的名称，也可以表示为如下形式：

```
fx = fittype ('f (x)', 'independent', 'x')
```

其中，$f(x)$ 是函数表达式，"independent" 即自变量，后面的 "x" 表明前面的 $f(x)$ 是以 x 为自变量的函数表达式。然而，有时函数不只包括自

变量，还包括一些系数或参数等。这时，可以用如下形式来描述：

```
fx = fittype ('f(x)', 'independent', 'x', 'coeffi-
cients', {'a', 'b', 'c'})
```

其中，$f(x)$ 中的 a、b、c 是参数，而非自变量或因变量。之后，就可以用 fit 函数，指定以 fx 的形式对自变量 x 和因变量 y 进行拟合。fit 函数的使用规则如下：

（2）fit 函数

```
fitobject = fit (x, y, fittype)
```

其中，fitobject 是输出的 cfit 格式的拟合结果，x 是自变量，y 是因变量，fittype 是我们在上面使用 fittype 函数定义过的形式。使用 fit 函数进行拟合时，自变量和因变量需要为列矩阵。

下面，通过一个实例对 fittype 函数的使用方法进行详解。

 实战案例 6-1

臭氧的 MDA8 值往往会随着季节发生变化，因此只用线性关系来拟合时间与 MDA8 的值并不准确。臭氧 MDA8（y）与对应的天数（t，以 doy 计）可以用下面的含周期线性关系进行拟合：

$$y = kt + b + \alpha\cos\left(\frac{2\pi M}{3}\right) + \beta\sin\left(\frac{2\pi M}{3}\right)$$

此处的 M 是一个周期常量，通常设定为 1。文件中的 example6_1.mat 给出了某监测站 2015 年的数据，其中第一列是以 doy 表示的日期，第二列是当日对应的 MDA8 值。通过自定义函数拟合，实现以上面的参数化方法对 2015 年的臭氧 MDA8 时间序列进行拟合，并画出拟合曲线。

实战案例 6-1 程序示例：

```
load example6_1
t = expample6_1 (:, 1);
y = example6_1 (:, 2);
```

```
ft = fittype ('b+k * t+alpha * cos (2 * pi * 1⁄3) +beta *
    sin (2 * pi * 1⁄3)', 'independent', 't', 'coefficients',
    {'b', 'k', 'alpha', 'beta'} );
options = fitoptions (ft);
options.StartPoint = [1 1 10 1];
options.Lower = [-999 999 -99 999 0];
options.Upper = [100 99 999 1];
cfun = fit (t, y, ft, options);
xi = t;
yi = cfun (xi);
figure
plot (t, y, 'r', xi', yi', 'b-');
```

6.2　GPU 辅助运算

在传统的程序设计中，CPU 作为计算单元，具有较高的运行效率。然而，随着程序设计对计算机硬件要求的提高，以及诸如机器学习、深度学习等概念的提出，人们发现 CPU 在处理这类计算逻辑简单，但是重复量极大的工作时难以被有效调用，出现了计算效率低、计算速度慢的现象。GPU 虽然不能处理复杂的运算，但特别适合处理形式简单、重复次数多的任务，例如计算图像等。因此便产生了将 GPU 与 CPU 的特点结合，以加快运算速度的方法。

GPU 拥有一个由数以千计的更小、更高效的核心（专为同时处理多重任务而设计）组成的大规模并行计算架构。虽然 GPU 有大量的核心，但是每个核心并不能单独用来处理任务，每一个任务都需要所有核心的协同调动。因此，GPU 适用于在数据层呈现很高的并行特性的应用，比如 GPU 比较适合用于类似蒙特卡罗模拟、深度学习一类的并行运算。

目前，常用的 GPU 加速包括 OpenGL 和 CUDA。其中，OpenGL 是一项发展比较成熟的 GPU 加速运算技术，形成于 2002 年。OpenGL 技术支持的显卡芯片较广泛，包括 NVIDIA、AMD 的独立显卡及 Intel 的核心显卡，但是在科学运算中的应用较少。当前，在科学计算中应用的 GPU 加速技术主要指 CUDA。CUDA 是图形厂商 NVIDIA 推出的通用并行架构运算平台，可以用于科学计算，使得编写出的程序可以在 CUDA 核心上以超高速进行计算。从 CUDA3.0 开始，就已经支持了 C++和 FORTAN 在 CUDA 核心上的运行。MATLAB 中，同样可以调用 CUDA 进行运算，支持的 GPU 按照官方支持信息如图 6-2 所示。

MATLAB Release	Ampere (cc8.x)	Turing (cc7.5)	Volta (cc7.0, cc7.2)	Pascal (cc6.x)	Maxwell (cc5.x)	Kepler (cc3.x)	Fermi (cc2.x)	Tesla (cc1.3)	CUDA® Toolkit Version
R2020b	▲	✓	✓	✓	✓†	✓†			10.2
R2020a	✓*	✓	✓	✓	✓†	✓†			10.1
R2019b	✓*	✓	✓	✓	✓	✓			10.1
R2019a	✓*	✓	✓	✓	✓	✓			10.0
R2018b	✓*	✓	✓	✓	✓	✓			9.1
R2018a	✓*	✓	✓	✓	✓	✓			9.0
R2017b	✓*	✓*	✓*	✓	✓	✓	✓		8.0
R2017a	✓*	✓*	✓*	✓	✓	✓	✓		8.0
R2016b	✓*	✓*	✓*	✓	✓	✓	✓		7.5
R2016a	✓*	✓*	✓*	✓	✓	✓	✓		7.5
R2015b	✓*	✓*	✓*	✓	✓	✓	✓		7.0
R2015a	✓*	✓*	✓*	✓	✓	✓	✓		6.5
R2014b	✓*	✓*	✓*	✓	✓	✓	✓		6.0
R2014a	✓*	✓*	✓*	✓*	✓	✓	✓	✓	5.5
R2013b	✓*	✓*	✓*	✓*	✓	✓	✓	✓	5.0
R2013a	✓*	✓*	✓*	✓*	✓	✓	✓	✓	5.0
R2012b	✓*	✓*	✓*	✓*	✓	✓	✓	✓	4.2
R2012a	✓*	✓*	✓*	✓*	✓	✓*	✓	✓	4.0
R2011b	✓*	✓*	✓*	✓*	✓	✓*	✓	✓	4.0
R2011a	✓*	✓*	✓*	✓*	✓	✓*	✓	✓	3.2
R2010b	✓*	✓*	✓*	✓*	✓*	✓	✓	✓	3.1

图 6-2 MATLAB 官方对于 GPU 的支持情况

开普勒架构及以上的 GPU 就可以兼容全部 MATLAB 版本的 CUDA 加速，但随着后续 MATLAB 版本的更新，部分架构可能仍不会获得支持。如图 6-2 所示，在 MATLAB R2020b 中，就提示了 Maxwell 架构及以下的显卡在后续版本中可能不再会支持。因此，推荐使用 Pascal 及以上架构的 GPU 进行 CUDA 加速运算，即 GTX10 系列及以上（含 Quadro P400 以上系列及 RTX 系列）进行 CUDA 加速运算。AMD（ATI）集成显卡和独立显卡、Intel 核心显卡均不支持 CUDA 加速。

在 MATLAB 中，可以通过如下指令快捷查询自己的硬件是否支持 CUDA 加速：gpuDevice（1），即查询 GPU1 是否具有 CUDA 引擎。如具有，则返回以下结果：

```
>>gpuDevice(1)
ans =
```

```
CUDADevice-属性：

                 Name：'NVIDIA GeForce GT 1030'

                Index：1

     ComputeCapability：'6.1'

        SupportsDouble：1

         DriverVersion：11.6000

        ToolkitVersion：11

     MaxThreadsPerBlock：1024

       MaxShmemPerBlock：49 152

     MaxThreadBlockSize：[1024 1024 64]

           MaxGridSize：[2.1475e+09 65 535 65 535]

             SIMDWidth：32

           TotalMemory：2.1473e+09

       AvailableMemory：1.6419e+09

    MultiprocessorCount：3

          ClockRateKHz：1 468 000

           ComputeMode：'Default'

    GPUOverlapsTransfers：1

   KernelExecutionTimeout：1

       CanMapHostMemory：1

        DeviceSupported：1

         DeviceAvailable：1

          DeviceSelected：1
```

这说明本机的 GPU（GT 1030）支持 CUDA 加速。如返回错误信息，则说明本地的 GPU1 不支持 CUDA 加速，可能的原因有以下几点：① GPU 类型老旧，当前 MATLAB 版本已不支持硬件的 CUDA 核心；② GPU1 是 AMD 显卡或 Intel 核心显卡，确认本地是否已经安装了支持 CUDA 的显卡；③ 没有安装显卡驱动，需在显卡官网寻找合适的驱动并安装。在确认硬件、GPU 驱动、MATLAB 版本等都没有问题的情况下，需要检查 GPU 的

代码，具体操作为通过 Ctrl + Alt + Delete 打开任务管理器，找到有几个 GPU，将对应的 GPU 代码输入到 gpuDevice（）函数中。

在使用 CUDA 加速时，第一步是把原来运行在 CPU 中的工作传递给 GPU 中的 CUDA 核心。下面对任务的传递方法进行讲解：

gpuArray 函数

$$G = \text{gpuArray}（X）$$

这个函数的使用方法为：创建变量 G，并将原来在 CPU 中的变量 X 存放于 GPU 中，赋值给 G。因此，最后生成的变量 G 是一个在 GPU 中的变量。在这里，也可以不重命名变量 G，直接在 GPU 中运行 X。

如前文中提到，GPU 擅长运算逻辑简单而重复量大的任务，因此可以将需要重复运算的大量数据递交给 GPU 进行，超大型的矩阵也可以交给 GPU 运算。如下面的实战案例 6-2。

 实战案例 6-2

文件"example6_2.xlsx"中是某监测站 2016 年的臭氧监测数据，时间分辨率为 1 分钟。现需要计算臭氧平均浓度的日变化情况，具体需求描述如下：时间分辨率需要转换为 1 小时，认为在这 1 小时中，超过 40 个有效值（不是负值或 NaN），本小时的平均浓度是这些有效值的平均。若小于 40 个有效值，本小时平均浓度认为是 NaN。现要计算出 2016 年每小时（0 点、1 点、2 点……23 点）的平均浓度并用平滑曲线绘图。由于数据量较大，希望用 GPU 加速的方式进行运算。

实战案例 6-2 程序示例：

```
tic
gpuDevice（1）
[A B] =xlsread（'example6_2.xlsx'）;
n = size（A, 1）;
for e = 1: size（A, 1）;
    if A（e, 1）<0;
```

```matlab
            A (e, 1) = NaN;
        end
    end
gpuArray (A);
for i = 1: n;
    if length (B {i} ) >10
        ind1 = strfind (B {i, 1}, '-');
        if isempty (ind1)
            ind1 = strfind (B {i, 1}, '/');
        end
        ind2 = strfind (B {i, 1}, '');
        ind3 = strfind (B {i, 1}, ':');
        month(i,1) = str2num(B{i}(ind1(1) +1:ind1
          (2)-1));
         day(i,1) = str2num(B{i}(ind1(2) +1:ind2
          (end)-1));
        h(i,1) = str2num(B{i}(ind2(end) +1:ind3(1) -
          1));
        mm(i,1) = str2num(B{i}(ind3(1) +1:ind3(end)
          -1));
    else
        ind1 = strfind (B {i, 1}, '/');
        month(i,1) = str2num(B{i+2}(ind1(1) +1:ind1
          (2)-1));
        day(i,1) = str2num(B{i}(ind1(2) +1:end));
        h (i, 1) = 0;
    end
end
C = diff (h);
```

```
C = [0; C];
D = find (C ~ = 0);
D = [1; D];
q = 1;
for i = 1: size (D, 1)
    if i ~ = size (D, 1)
        par = D (i+1, 1) -D (i, 1);
        if par > = 40
            r = 0;
            for f = D (i, 1): D (i+1, 1) -1
                if isnan (A (f, 1) ) = = 0
                    r = r+1;
                end
        end
        if r > = 40
            avg (q, 1) = mean (A (D (i): D (i+1) -1,
            1), 'omitnan');
            q = q+1;
        else
            avg (q, 1) = NaN;
            q = q+1;
        end
    else
        avg (q, 1) = NaN;
        q = q+1;
    end
    hour (q, 1) = h (D (i, 1) );
    dd (q, 1) = day (D (i, 1) );
    else
```

```matlab
        par=size (D, 1) -D (i, 1);
        if par>=40
          r=0;
          for f=D (i, 1): size (D, 1) -1
            if isnan (A (f, 1) ) ==0
              r=r+1;
            end
          end
          if r>=40
            avg (q, 1) =mean (A (D (i): size (D, 1)
              -1, 1), 'omitnan');
            q=q+1;
          else
            avg (q, 1) =NaN;
            q=q+1;
          end
        else
            avg (q, 1) =NaN;
            q=q+1;
    end
    hour (q, 1) =h (D (i, 1) );
    dd (q, 1) =day (D (i, 1) );
    end
end
ddnew=dd (2: end,:);
hournew=hour (2: end,:);
avgnew= [ddnew hournew avg];
a=1;
E=diff (day);
```

```
index=find (E~=0);
for i=1：size (index, 1) +1
    for j=0：23
        if avgnew (a, 2) = =j
          reozone (j+1, i) = avgnew (a, 3);
          a=a+1;
        elseif avgnew (a, 2) ~=j
          reozone (j+1, i) =NaN;
        end
    end
    if a>size (avgnew, 1)
        break
    end
end
diunal=mean (reozone, 2, 'omitnan')';
gather (diunal);
x= [0：1：23];
values=spcrv ([[x (1) x x (end) ]; [diunal (1) di-
    unal diunal (end) ] ], 5);
toc
```

6.3　以神经网络为代表的机器学习简介

机器学习，即让机器通过学习具有"人的思维"，自身不断进行优化，实现某些特定功能。机器学习已经深入到了我们的生活中，例如基于图像识别技术的人脸识别、识图搜图；或在移动支付中根据上传的指纹和采集的指纹进行匹配，实现指纹支付等。从目的上来看，机器学习可以被分为两类问题，即分类问题和回归问题。① 分类问题是基于已知的变量及其分类，对未知的变量进行准确归类；② 回归问题则是根据已知的自变量和因变量，通过一个近似的关系，对已知的自变量估算因变量的值。

在这里，我们简单讲解机器学习中最基础的一种——神经网络的原理。

1. 分类问题

例如，在一个直角坐标系内有 4 个点：（1，1）、（-1，1）、（-1，-1）、（1，-1），它们分属于 Ⅰ、Ⅱ、Ⅲ、Ⅳ 4 个象限。现在有一个新的点（2，2），那么需要让机器判断这个坐标处于哪个坐标系。为了完成这一任务，需要建立一个两层的神经网络，如图 6-3 所示。

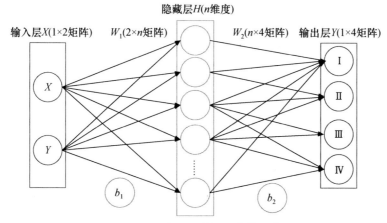

图 6-3　一个两层神经网络的示意

在上面的预测坐标位置的例子中，输入层即已知的坐标值，如（1，1）、（-1，1）等。这是一个包含两个元素的数组，也就是一个 1×2 矩阵。输入层的维度与输入量的特征是息息相关的，如果输入的是一个空间直角坐标系的坐标，如（1，1，1），则输入层 X 的维度会变成 1×3。从输入层到隐藏层，通过 $W1$ 和 $b1$ 链接。由 X 计算得到 H 的原理就是矩阵的线性运算，即

$$H = X \times W_1 + b_1$$

假定此处设置 H 的维度为 50，就称 H 拥有 50 个神经元，矩阵 H 的维度就是 1×50。利用输入矩阵与神经元建立联系后，就可以根据这种联系来预测得到的结果，也就是输出层 Y。链接隐藏层和输出层的是 W_2 和 b_2，通

过类似的线性关系进行运算，即

$$Y = H \times W_2 + b_2$$

在上面的例子中，也就是判断出输入的点位于哪个象限。根据线性代数的知识，可以知道：一系列线性方程的运算最终都可以用一个线性方程表示。也就是说，联立上述关于 H 和 Y 的线性表达式，可以得到一个用 X 表示 Y 的线性方程。无论网络深度如何加深，隐藏层的维度如何提升，X 和 Y 的线性关系都是不变的。在神经网络中，隐藏层 H 需要用一个函数进行激活，这个函数就称为激活层。简单来说，激活层是为矩阵的运算结果添加非线性因素的。添加激活层后的神经网络可以用如图 6-4 进行表示。

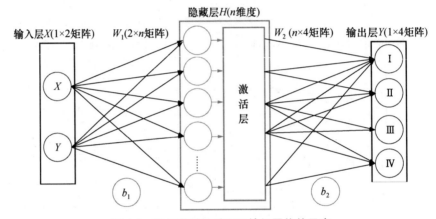

图 6-4　添加激活层后两层神经网络的示意

常用的激活函数有三种，分别是：阶跃函数、Sigmoid 函数、ReLU 函数。三种函数的图像和函数表达式如图 6-5 所示。

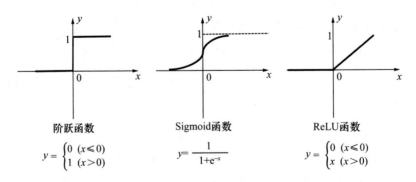

图 6-5　神经网络中常用的三种激活函数的图像

对比以上三种激活函数，可以发现阶跃函数输出值是跳变的，且只有 0 和 1 两种情况，可以涵盖的情况较少，因此实际使用的并不多；Sigmoid 函数在当 x 的绝对值较大时，曲线的斜率变化很小，并且计算较复杂，大幅增加了计算时间，因此实际应用中使用的相对较少；ReLU 是当前较为常用的激活函数。需要注意的是，每个隐藏层经过矩阵线性运算之后，都需要加一层激活层，否则该层线性计算是没有意义的。如果仅仅是为了"使用"神经网络输出的结果，那上面的过程已经满足要求。但是，通常希望输出的结果与实际结果的偏差越小越好，也就是希望输出结果越精确越好。因此，还需要对这个神经网络进行"训练"，通过大量数据来优化神经网络。实际应用中，输出值是所有输出层中认为概率最大的一个。输出层中各个分类（即每个维度）的概率按下式计算：

$$S_i = \frac{e^i}{\sum_j e^j}$$

简单来说分为三步：① 以 e 为底对所有元素求指数幂；② 将所有指数幂求和；③ 分别将这些指数幂与求出的和作商。这样，所有元素的和一定是 1，且每个元素可以代表概率值。我们将使用这个计算公式作输出结果处理的层叫作"Softmax"层。此时的神经网络如图 6-6 所示。

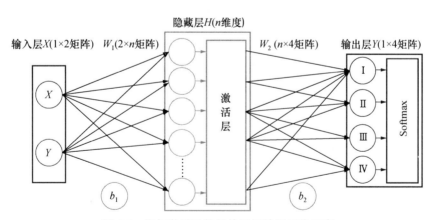

图 6-6　添加激活函数后的两层神经网络示意

例如，在上面举例中，求点（2，2）位于哪个坐标系，最后 Softmax 给出的结果是（90%，5%，2%，3%），对应的真实结果应该是（100%，0%，0%，0%），那么就需要对输出的结果进行"评价"。最直观的方法是用 1 与结果作差，即 $1-0.9=0.1$，这个差值越小越好。但是在神经网络中的评价方法，最常用的是求其负对数，即：$-\lg 0.9=0.046$。可以发现，计算的结果越准确，这个值应该越接近 0。这种评价方法被称为"交叉熵损失"。使用大量数据进行训练的目的，即在初始状况下减少这个交叉熵损失。随后，就要进行神经网络的反向传播，即对 W 和 b 进行优化。这个过程是梯度迭代的，最终通过微调 W_1、W_2、b_1、b_2，可以得到一个最小的交叉熵损失。此时，我们再输入一组任意坐标，就可以得到一个预想的较完美的结果。

2. 回归问题

在大气环境监测中，回归问题的常见情景是：某一变量可能无法实现大范围、长时间连续测量，已有的测量数据较少或地域局限性较强；希望可以通过某种关系，将这些测量数据较少的变量与数据量较大的某些变量联系起来。最终，通过这种关系，实现根据已有的数据估算未知的数据。神经网络在回归问题中建立的模型与分类问题一致，都是一个包含输入层、隐藏层、输出层的两层神经网络模型。输入参数是实测的参数，输出参数是需要预测的参数。回归问题特别适合数据量较大时的数据分析，因为数据量越大，得到的关系越准确，最后预测得到的结果也越接近真实值。MATLAB 中可以使用 newff 函数和 train 函数构建神经网络，也可以使用 Neural Net Fitting 工具可视化地构建神经网络解决回归问题。下面，对 newff 和 train 函数的使用方法进行讲解。

（1）newff 函数

```
net =newff (P, T, S);
net = newff (P, T, S, TF, BTF, BLF, PF, IPF, OPF,
    DDF);
```

① 在第一种使用方法中，newff 意为建立一个新的神经网络，这个网络命名为 net。P 为输入参数矩阵，T 为输出参数矩阵，S 为 $N-1$ 个隐藏层的数目；其他参数均为默认值。

② 在第二种使用方法中，TF 是激活函数，BTF 是神经网络的训练函

数，BLF 是权重学习函数，PF 为性能函数，IPF 为输入处理功能的行单元格数组，OPF 为输出处理功能的行单元格数组，DDF 为数据分割函数。其中最重要的是激活函数和训练函数，在 MATLAB 中的使用形式分别总结如表 6-2 和表 6-3 所示。

表 6-2　激活函数的使用形式

函数名称	使用形式	特　点
ReLU 激活函数	purelin	最常用的激活函数，用于输出层激活函数
正切 Sigmoid 激活函数	tansig	计算量较大，是 MATLAB 中默认的激活函数
对数 Sigmoid 激活函数	logsig	计算量较大

表 6-3　训练函数的使用形式

函数名称	使用形式	特　点
最速下降 BP 算法	traingd	基本梯度下降法，计算速度比较慢
动量 BP 算法	traingdm	带有动量项的梯度下降法，比 traingd 速度快
学习率可变的 BP 算法	trainda	自适应学习率的梯度下降法
	traindx	带有动量项的自适应学习算法，速度比 traingdm 快
弹性算法	trainrp	弹性 BP 算法，收敛速度快、占用内存小
变梯度算法	traincgf	Fletcher-Reeves 共轭梯度法，为共轭梯度法中存储量要求最小的算法
	traincgp	Polak-Ribiers 共轭梯度算法，存储量比 traincgf 稍大，但对某些问题收敛更快
	traincgb	Powell-Beale 共轭梯度算法，存储量比 traincgp 稍大，但一般收敛更快
	trainbfg	BFGS-拟牛顿法，其需要的存储空间比共轭梯度法要大，每次迭代的时间也要多，但通常在其收敛时所需的迭代次数要比共轭梯度法少，比较适合小型网络。
	trainscg	归一化共轭梯度法，是唯一一种不需要线性搜索的共轭梯度法

　　神经网络建立之后，需要对这个网络进行训练，即在所有的数据集中，按一定比例划分出训练集、测试集和验证集。训练集即已知量，用于模型建立；验证集用于验证模型模拟的效果，给出误差，并优化超参数；测试集用来检验最终模型的结果。当数据量不太大的情况下，建议训练集：验证集：测试集 = 6：2：2。在机器学习中，常用一个比喻描述三者之

间的关系：① 训练集是课后习题，用于日常巩固（训练模型）；② 测试集是周考月考，用于纠正和强化知识（优化超参数）；③ 验证集是期末测验，用于检验学习成果（评价模型效果）。在 MATLAB 的神经网络中，这一过程通常使用 train 函数进行。

（2）train 函数

$$[net, tr] = train(net, P, T, Pi, Ai)$$

其中，net 是要训练的神经网络，tr 是训练过程记录，给出的是一个类似 structure 结构的数组。P 是输入数据矩阵，T 是输出数据矩阵，Pi 是初始化输入层条件，Ai 是初始化输出层条件。如果不特殊定义，则 Pi 和 Ai 默认都是零矩阵（zeros）。这里需要注意的是，输入的 P 和 T 都需要是行向量。

对神经网络的主要超参数需要视模型模拟的效果进行优化。所谓"超参数"，即在开始学习过程之前设置值的参数，而不是通过训练得到的参数数据。某些超参数对神经网络的模拟效果通常是决定性的，并且超参数的设置通常是高度经验性的，对于初学者而言，需要不断进行调试以达到理想的效果。这里新建的神经网络 net 可以认为是一个 structure 结构的数组，可以用调用 structure 结构数组的方式来设置主要参数。神经网络的主要超参数设置方式总结如表 6-4 所示。

表 6-4　神经网络的主要超参数设置方式

函数调用方式	释　义
net.trainParam.goal	训练最小误差，越小代表要求越精确
net.trainParam.epochs	训练次数，设置次数越多结果越准确，但是运行速度越慢
net.trainParam.show	显示频率，每训练多少次显示一次结果
net.trainParam.mc	附加动量因子
net.trainParam.lr	学习速率，与学习速度的快慢有关
net.trainParam.min_grad	最小性能梯度，设置得越小代表越精确
net.trainFcn	定义训练函数的类型
net.trainParam.showWindow	是否需要显示训练窗口，"false"代表不显示
net.trainParam.showCommandLine	是否需要在命令行窗口显示结果，"false"代表不显示

在表 6-4 中，影响最大的超参数主要有学习速率（又称学习率，通常在 0~1）、训练次数（通常大于 50）、最小误差、训练函数类型四种。这些超参数的选择需要根据训练结果而定，起始值建议设置一个适中的值。超参数设置不合理时会出现两种可能的情况：① 模型不收敛，即模型的误差一直在下降，从起始轮到训练结束，误差没有稳定，这种情况应当适度增大训练次数、提高学习率；② 模型过早收敛，但仍保持着相当大的误差，这种情况应当适当降低学习率、降低性能梯度。

下面，通过一个实战案例讲解 MATLAB 中的神经网络回归问题。

 实战案例 6-3

文件 "example6_3.xlsx" 中有 5 列值，其中前 4 列是观测得到的 SO_2、NO_2、CO、$PM_{2.5}$ 的浓度（自变量），第 5 列是观测得到的硝酸盐浓度（因变量）。现需要根据这些已有的观测数据，建立一个神经网络，以实现后续基于 SO_2、NO_2、CO、$PM_{2.5}$ 的浓度估算硝酸盐浓度。已知：学习率为 0.25，训练最小误差为 0.1，训练次数为 300，最小性能梯度为 1e-6，训练函数的类型为最速下降 BP。

实战案例 6-3 程序示例：

```
clear all
[A B] =xlsread (…\ example6_3.xlsx);% 读入数据
a =1;
for i =1: size (N, 1)
    ind =N (i,:);
    if isnan (ind) = =0
        Nnew (a,:) =N (i,:);
        a =a +1;
    end
end% 删除可能存在 NaN 的数据行，否则空数据会让 MATLAB 报错
SO2 =Nnew (:, 1);
NO2 =Nnew (:, 2);
```

```
CO = Nnew (:, 3);
PM25 = Nnew (:, 4);
NA = Nnew (:, 5);
var = [SO2 NO2 CO PM25];% 自变量
P = [var NA];% 组合成矩阵, var 为自变量, NA 为因变量
net = newff (var', NA', 20);% 建立神经网络, 假定隐藏层的
    数量为 20
net.trainParam.goal = 0.1;% 训练最小误差为 0.1
net.trainParam.epochs = 300;% 训练轮数 300
net.trainParam.show = 20;% 每 20 轮显示一次结果
net.trainParam.mc = 0.95;% 附加动量因子为 0.95
net.trainParam.lr = 0.25;% 学习率 0.25
net.trainParam.min_grad = 1e-6;% 最小性能梯度为 1e-6
net.trainParam.min_fail = 5;
net.trainFcn = 'traingd';% 最速下降 BP 算法
[net, tr] = train (net, var', NA');% 训练神经网络
```

6.4 MATLAB 程序优化

在 MATLAB 程序设计时, 经常出现程序运行缓慢, 但是查看硬件资源时却不是因为硬件出现了瓶颈, 甚至各硬件占用率都很低的情况。这说明设计的程序仍需要优化以充分调用有限的硬件资源。在本节中, 将介绍常见的 MATLAB 程序优化方法, 以提高程序运算速度、合理调度硬件资源。

6.4.1 遵守 Performance Acceleration 的规则

"Performance Acceleration" 是 MATLAB 中自带的一种加速规则, 可以总结为以下 7 条。

① 只有使用了以下的数据类型, MATLAB 才会对其加速: logical,

char，int8，uint8，int16，uint16，int32，uint32，double。以下数据类型则不会被加速：cell，structure，numeric，single，function handle，java classes。

② MATLAB 只能对二维及以下的数组进行加速，三维数组不能被加速。

③ 当使用 for 循环时，只有遵守以下规则才会被加速：第一，for 循环的范围只用标量值表示；第二，for 循环内部的每一条语句都满足第一条；第三，循环内部没有调用自定义的其他函数（即只使用了 MATLAB 自带的函数）。

④ 当使用 if、elseif、while 和 switch…case 语句时，其条件测试语句中只使用了标量值。

⑤ 把多条操作写入一行内，则不会被加速，反而会由于调度机制问题而被减速。

⑥ 当某条操作改变了原来变量的数据类型或形状（大小和/或维度）时将会减慢运行速度，如某个矩阵随着循环的进行大小不断变大。

⑦ 复数的表达要使用 $x=a+bi$ 的形式，而不是 $x=a+b*i$，否则会降低程序的运行效率。

6.4.2 遵循三条原则

在 MATLAB 程序设计时，我们通常希望使用尽可能简单的逻辑思维和代码来实现预期的功能。当数据量较小时，程序优化与否将不会体现出差异；但是当数据量逐渐增大时，代码优化与否将导致运行速度出现明显差异。因此，在编写完代码并 debug 后，可以适当对程序进行优化。一般来说，程序优化遵循以下三条原则。

1. 尽量避免使用循环

在本书第 4 章中，我们系统地讲解了 for 循环的用法。for 循环的加入可以实现许多较复杂的数据处理功能。然而，循环是大多数程序设计语言中对硬件调用机制较差的一种，在 MATLAB 中，循环只会调用 1 个线程运算，且对这个线程的运用效率极低。因此，尽可能地使用其他方法来替代循环。程序优化有以下两种思路：① 尽量用向量化的操作来代替循环操作；② 在必须使用循环嵌套的情况下，外层循环执行循环次数少的运算，内层循环执行循环次数多的运算。

2. 尽可能给变量预分配内存

这一点适用于在一个循环中，变量的大小和（或）维度会随着循环而发生改变的情况。此时，不断改变的变量大小会不断向系统请求分配内存，这一过程也会影响速度。因此，最好能够事先确定矩阵的大小。常用的预分配内存方法是为变量预分配等大小的零矩阵（zeros）或 1 矩阵（ones）。

3. 尽可能少调用自定义的函数，多使用 MATLAB 内置函数

虽然自定义函数可以方便自定义功能的调用，并减小主程序的大小；但是自定义函数带来的一个很大的问题是降低了程序的运行速度。其原因是 MATLAB 作为一种高级编程语言，其解释器在运行时如果遇到一个自定义函数，则需要逐行对这个自定义函数进行解释；如果使用内置函数，则可以直接调用底层函数。二者的运行速度相差很大。如果需要计算的数据量较小，或计算的步骤相对简单，则二者的差距不明显。但是，当数据量加大，对数据的处理复杂时，二者的运行速度将会有显著差距。

📚 实战案例 6-4

文件 example6_4. xlsx 中有某自动监测站观测到的气体污染物参数数据，由于仪器检修，缺失了 $PM_{2.5}$ 的数据，坏点用 -999 表示。根据已有研究，$PM_{2.5}$ 的质量浓度可以根据下式进行估算：

$$PM_{2.5} = 0.17 \times c\ (SO_2)\ +0.51 \times c\ (NO_2)\ +0.026 \times c\ (CO)\ -0.5$$

已有以下程序，可以实现这一功能：

```
clear
[A B] =xlsread ('example8_4.xlsx');
for i=1: size (A, 1)
    for j=1: size (A, 2)
        if A (i, j) <0
            A (i, j) = NaN;
```

```
            end
        end
end
for i=1: size (A, 1)
    if isnan (A (i,:) ) = = 0
        PM (i,:) = 0.026 * A (i, 1) +0.17 * A (i, 3)
            +0.51 * A (i, 4) -0.5;
    else
        PM (i,:) = NaN;
    end
end
```

请对上述程序进行优化。

观察上述程序，可以看出在 Excel 文件读取后，第一个循环嵌套的目的是将负值都去除为 NaN，因为污染物的浓度不会是负值。但是这里，使用循环嵌套会降低运算效率，此处可以优化。随后是估算 $PM_{2.5}$ 的浓度，在这里首先是判断这一行是否有坏点，如果有则无法计算 $PM_{2.5}$ 的浓度；随后是进行参数化估算。此处的程序逻辑是：每一行进行一次判断，判断完成后再进行一次计算，然后循环到下一个值。根据上述描述，对程序进行优化。

实战案例 6-4 程序演示：

```
clear
[A B] =xlsread ('example8_4.xlsx');
A (A<0) = NaN;
n = size (A, 1);
PM = zeros (n, 1);
SO2 = 0.17 .* A (:, 3);
CO = 0.026 .* A (:, 1);
NO2 = 0.51 .* A (:, 4);
num = [SO2 CO NO2];
PM = sum (num, 2) -0.5;
```

第二部分

基于MATLAB的大气环境监测数据分析与可视化

初学者在针对一个实际应用进行程序设计时，通常会走入一种误区，即看到问题后立刻开始编程，后续发现程序设计缺乏逻辑，最终因为一两处错误引发一系列问题，导致程序无法修复，只能重新设计，这无疑浪费了大量时间。本章以将 O_3 浓度的分钟值转换为各种评价指标为例，讲解如何编写一个完整的程序，建立编程思路，提高解决问题的效率。本例的要求为：

在《环境空气质量标准》（GB3095—2012）中，污染物的日评价值一般是日平均值，但 O_3 的评价标准使用的是日最大 8 小时滑动平均值（MDA8 O_3）。此外，还有一些指标可以从多个角度评价 O_3 对空气质量和人体健康的影响，这些指标及代表的含义如表 7-1 所示。

表 7-1　O_3 的各种评价指标及其含义

评价指标	含　义
MDA1	日最大 O_3 小时浓度
MDA8	日最大 O_3 8 小时滑动平均值
4MDA8	日第 4 大 O_3 8 小时滑动平均值
DTAvg	O_3 日间平均浓度（当地时间 8：00—20：00)
NTAvg	O_3 夜间平均浓度（当地时间 21：00—7：00)
AOT40	O_3 日间超过 40 ppb（10^{-9}）的累积浓度

文件 example7_1. xlsx 中，有某监测站实测的 O_3 浓度，时间分辨率为 10 分钟。数据有效性要求为：在进行时间平均时，有效数据的个数超过 2/3 为有效，否则记为数据缺失（NaN）。由于测量仪器的原因，数据缺失

值可能为 NaN，也可能为−999 或者−99。要求计算观测期间每日 O_3 的上述指标，并用合适的图像进行表示。

7.1 需求分析和逻辑梳理

根据上述需求，可以将任务拆解为：

（1）数据读取和清洗

将所有数值读入 MATLAB，并将数据进行梳理。除了需求中给出的数据缺失值格式不统一外，还有一些不符合常规认知的情况也应该被排除，如 O_3 的浓度是负值。并且时间格式未必统一，可能是 yyyy/MM/dd hh：mm：ss 的形式，也可能是 yyyy-MM-dd hh：mm：ss 的形式，需要将所有数字格式统一后，再进行下一步处理。

（2）时间分辨率转换

表 7-1 中所有的需求，都是基于小时平均值的，而实测的时间分辨率为 10 分钟，因此需要按照需求中"有效数据的个数超过 2/3 为有效"的要求将所有时间分辨率转换为小时后再进行计算。

（3）参数计算

将表 7-1 中需要计算的参数分为三类：① 不需要进行任何转换，只需排序就能得到的，这一类包括 MDA1；② 需要进行滑动平均得到的，这一类包括 MDA8 和 4MDA8，计算 MDA8 时必然要排序，这两个参数可以同时计算；③ 需要区分昼夜的，包括 DTAvg，NTAvg 和 AOT40，白天计算的是 DTAvg 和 AOT40，夜间计算的是 NTAvg。

（4）数据的输出及可视化

根据需求，将结果导出至 Excel 表格，并选择合适的绘图方式进行制图。

拆解任务后，上述需求可以总结为图 7-1 的逻辑。

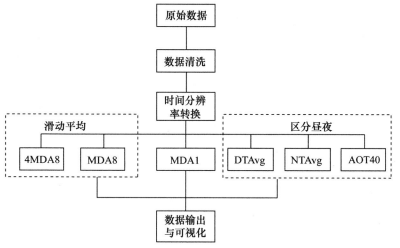

图 7-1 完成需求的编程逻辑

7.2 分模块程序设计

在进行程序设计时，建议严格按照图 7-1 中的编程逻辑分模块进行。这样既方便梳理逻辑和思路，又可以在程序出现错误时及时定位到相应的代码块。同时，无论是初学者或是有经验的程序设计人员，都建议在程序设计时尽可能多地进行注释。否则会出现今后使用到相同的程序时，想更改代码却无从下手；或代码可读性极差，其他人无法使用的情况。

1. 数据的读取与清洗

```
%%模块一：数据读取与清洗
clear;clc;clf;%清除所有变量，清除命令行窗口显示，清
    除所有图像
[A B] =xlsread ('…\ example7_1.xlsx');%读入数据
Bnew=B (2：end,:);
B=Bnew;%删除表头
%将时间格式统一
```

```
for i=1: size (A, 1)
  mark=strfind (B {i, 1}, ':');
  if isempty (mark) = = 0
      ind1=strfind (B {i, 1}, '/');
      ind2=strfind (B {i, 1}, '');
      ind3=strfind (B {i, 1}, ':');
      year(i,1)=str2num(B{i}(1:ind1(1)-1));
      month(i,1)=str2num(B{i}(ind1(1)+1:ind1(2)-1));
      day(i,1)=str2num(B{i}(ind1(2)+1:ind2(end)-1));
      h(i,1)=str2num(B{i}(ind2(end)+1:ind3(1)-1));
      mm(i,1)=str2num(B{i}(ind3(1)+1:ind3(end)-1));
    else
        ind1=strfind (B {i, 1}, '/');
        year(i,1)=str2num(B{i}(1:ind1(1)-1));
        month(i,1)=str2num(B{i}(ind1(1)+1:ind1
          (2)-1));
        day(i,1)=str2num(B{i}(ind1(2)+1:end));
        h (i, 1) =0;
        mm (i, 1) =0;
    end
end
A (A<=0) =NaN;% 将所有缺失值统一为 NaN
tt = [year month day h mm];% 将时间格式合并
```

2. 时间分辨率转换

```
dif=diff (h);% 对时间进行差分
check_hour=find (dif ~=0);% 寻找小时切换的点
check_hour= [0; check_hour];
for i=1: size (check_hour, 1)
```

```matlab
        if i~=size(check_hour,1)% 选择某一个小时内的
            数据
            data=A(check_hour(i)+1: check_hour(i+
                1),:);
        else
            data=A(check_hour(i)+1: end,:);
        end
        num=numel(data)-numel(find(isnan(data)));% 判
            断有效数据的个数
        if num>=4% 判断有效数据的个数是否超过 2/3，是，计算
            平均值，否，返回 NaN
            avg(i,1)=mean(data,'omitnan');
        else
            avg(i,1)=NaN;
        end
        time(i,:)=tt(check_hour(i)+1,:);% 平均值对
            应的时间
    end
    avg_1h=[time avg];% 合并小时平均值数据
```

3. 计算

```matlab
clearvars -except avg_1h % 清除无关变量，只保留 avg_1h
dif_day=diff(avg_1h(:,3));
ind=find(dif_day~=0);% 寻找日期切换的点
ind=[0; ind];
for i=1: size(ind,1)
    if i~=size(ind,1)% 筛选出每一天的数据
        data=avg_1h(ind(i)+1: ind(i+1),end);
        hour_ind=avg_1h(ind(i)+1: ind(i+1),4);
```

121

```matlab
else
    data=avg_1h (ind (i) +1: end, end);
    hour_ind=avg_1h (ind (i) +1: end, 4);
end
MDA1 (i, 1) = max (data);% 计算 MDA1
DA8 =movmean (data, [0 7], 'omitnan');% 计算 8 小
    时滑动平均值
DA8_new = sort (DA8 (1: 18), 'descend');% O₃ 的 8
    小时滑动平均值只有前 18 个数是有效的，进行排序
num = numel ( DA8 _ new ) -numel ( isnan ( DA8 _
    new) );% 统计非 NaN 的个数，低于 12 个则认为这一天
    的滑动平均值无效
if num>6
    MDA8 (i, 1) = NaN;
    MDA8_4 (i, 1) = NaN;
else
    MDA8 (i, 1) = DA8_new (1,:);% MDA8 是降序排列
        的 8 小时滑动平均值中最大的
    MDA8_4 (i, 1) = DA8_new (4,:);% 4MDA8 是第 4
        大的
end
ind1 =find (hour_ind<=7 | hour_ind>=21);% 定位
    夜间的点
ind2 =find (hour_ind>7 & hour_ind<21);% 定位白天
    的点
DTAvg (i, 1) = mean (data (ind2), 'omitnan');%
    求日间平均值
NTAvg (i, 1) = mean (data (ind1), 'omitnan');%
    求夜间平均值
```

```
day_O3 = data (ind2);
ind3 = find (day_O3 >= 40);% 定位日间 O₃ 浓度超过 40
    ppb 的点
AOT40 (i, 1) = sum (day_O3 (ind3) - 40);% 计
    算 AOT40
end
```

4. 数据可视化

按照需求，使用合适的绘图方式进行绘图。对于一段时间的 O_3 浓度而言，最合适的绘图方式即绘制时间序列图。还可以标注出 MDA8 = 82 ppb 的位置，以表示超过这条线的 O_3 浓度是超标的。AOT40 则可以通过柱状图进行表示。此外，由于需要表达的要素较多，可以将 6 种要素分别进行绘制。

```
% 第一个子图
subplot (2, 3, 1)% 使用 6 个小图分别绘制各要素
day = day ';% 转置矩阵
MDA1 = MDA1 ';
values1 = spcrv ( [ [day (1) day day (end) ]; [MDA1
    (1) MDA1 MDA1 (end) ] ], 3);% 插值法绘制平滑曲线
% 以下为执行绘图区设置
plot (values1 (1,:), values1 (2,:), 'k', 'LineWidth',
    1.5, 'Marker', 'o', 'MarkerEdgeColor', 'k', …
    'MarkerFaceColor', [1 1 1], 'MarkerSize', 3);
set (gca, 'FontName', 'Times New Roman', 'FontSize',
    16);
set (gca, ' XTick', [0: 4: 20], ' YTick', [0: 40:
    200], 'XGrid', true, 'YMinorTick', true);
xlabel ('day', 'FontSize', 16, 'FontName', 'Times New
    Roman', 'FontWeight', 'Bold');
```

```
ylabel ('MDA1 (ppb)', 'FontSize', 16, 'FontName',
    'Times New Roman', 'FontWeight', 'Bold');

hold on
% 第二个子图
subplot (2, 3, 2)
MDA8 = MDA8 ';
values2 = spcrv ( [ [day (1) day day (end) ]; [MDA8
    (1) MDA8 MDA8 (end) ] ], 3);
% 以下为执行绘图区设置
plot (values2 (1,:), values2 (2,:), 'k', 'LineWidth',
    1.5, 'Marker', 'o', 'MarkerEdgeColor', 'k', …
        'MarkerFaceColor', [1 1 1], 'MarkerSize', 3);
f1 = gca;
set (f1, 'FontName', 'Times New Roman', 'FontSize',
    16);
set (f1, 'XTick', [0: 4: 20], 'YTick', [0: 40: 160],
    'YTickLabel', [0: 40: 160], 'XGrid', true, 'YMi-
    norTick', true);
xlabel ('day', 'FontSize', 16, 'FontName', 'Times New
    Roman', 'FontWeight', 'Bold');
ylabel ('MDA8 (ppb)', 'FontSize', 16, 'FontName',
    'Times New Roman', 'FontWeight', 'Bold');
hold on
MDA8_std_x = [0: 0.1: 20];
MDA8_std_y = ones (1, size (MDA8_std_x, 2) ) .* 82;
plot (MDA8_std_x, MDA8_std_y, 'b', 'LineWidth', 1,
    'LineStyle', '--');
hold on
% 第三个子图
```

```
subplot (2, 3, 3)

MDA8_4 = MDA8_4 ';

values3 = spcrv ( [ [day (1) day day (end) ]; [MDA8_
    4 (1) MDA8_4 MDA8_4 (end) ] ], 3);
% 以下为执行绘图区设置
plot (values3 (1,:), values3 (2,:), 'k', 'LineWidth',
    1.5, 'Marker', 'o', 'MarkerEdgeColor', 'k', …
        'MarkerFaceColor', [1 1 1], 'MarkerSize', 3);
f2 = gca;
set (f2, 'FontName', 'Times New Roman', 'FontSize',
    16);
set (f2, 'XTick', [0: 4: 20], 'YTick', [0: 30: 150],
    'YTickLabel',  [0: 30: 150], 'XGrid', true, 'YMi-
    norTick', true);
xlabel ('day', 'FontSize', 16, 'FontName', 'Times New
    Roman', 'FontWeight', 'Bold');
ylabel ('4MDA8 (ppb)', 'FontSize', 16, 'FontName',
    'Times New Roman', 'FontWeight', 'Bold');
hold on
% 第四个子图
subplot (2, 3, 4)
DTAvg = DTAvg ';
values4 = spcrv ( [ [day (1) day day (end) ]; [DTAvg
    (1) DTAvg DTAvg (end) ] ], 3);% 插值法绘制平滑曲线
% 以下为执行绘图区设置
plot (values4 (1,:), values4 (2,:), 'k', 'LineWidth',
    1.5, 'Marker', 'o', 'MarkerEdgeColor', 'k', …
        'MarkerFaceColor', [1 1 1], 'MarkerSize', 3);
f3 = gca;
```

```
set (f3, 'FontName', 'Times New Roman', 'FontSize',
    16);
set (f3, 'XTick', [0: 4: 20], 'YTick', [0: 20: 100],
    'YTickLabel', [0: 20: 100], 'XGrid', true, 'YMi-
    norTick', true);
xlabel ('day', 'FontSize', 16, 'FontName', 'Times New
    Roman', 'FontWeight', 'Bold');
ylabel (' DTAvg (ppb)', 'FontSize', 16, 'FontName',
    'Times New Roman', 'FontWeight', 'Bold');
hold on
% 第五个子图
subplot (2, 3, 5)
NTAvg = NTAvg';
values5 = spcrv ( [ [day (1) day day (end) ]; [NTAvg
    (1) NTAvg NTAvg (end) ] ], 3);% 插值法绘制平滑曲线
% 以下为执行绘图区设置
plot (values5 (1,:), values5 (2,:), 'k', 'LineWidth',
    1.5, 'Marker', 'o', 'MarkerEdgeColor', 'k', …
        'MarkerFaceColor', [1 1 1], 'MarkerSize', 3);
f4 = gca;
set (f4, 'FontName', 'Times New Roman', 'FontSize',
    16);
set (f4, 'XTick', [0: 4: 20], 'YTick', [0: 20: 100],
    'YTickLabel', [0: 20: 100], 'XGrid', true, 'YMi-
    norTick', true);
xlabel ('day', 'FontSize', 16, 'FontName', 'Times New
    Roman', 'FontWeight', 'Bold');
ylabel (' NTAvg (ppb)', 'FontSize', 16, 'FontName',
    'Times New Roman', 'FontWeight', 'Bold');
```

```
hold on
% 第六个子图
subplot (2, 3, 6)
bar(AOT40,'FaceColor',[1 1 1],'EdgeColor','k');
f5 = gca;
set (f5, 'FontName', 'Times New Roman', 'FontSize',
    16);
set (f5, 'XTick', [0：4：20], 'YTick', [0：200：
    800], 'YTickLabel', [0：200：800] );
xlabel ('day','FontSize', 16, 'FontName', 'Times New
    Roman', 'FontWeight', 'Bold');
ylabel ('AOT40 (ppb)', 'FontSize', 16, 'FontName',
    'Times New Roman', 'FontWeight', 'Bold');
```

最终的绘图效果如图 7-2 所示。

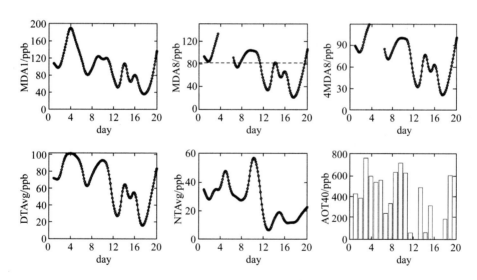

图 7-2 O₃ 各评价指标输出结果

7.3 对程序设计初学者的建议

根据《极限编程实施》的代码编写原则，一个程序的重要性依次为：① 能通过测试并运行；② 没有重复代码；③ 体现系统中的所有设计理念；④ 包括的实体尽量少。也就是说，程序的正确性高于一切，其次是整洁性，最后是代码优美。第一部分的 6.4 节中也介绍了程序优化的一般原则。在实践过程中，有以下几点需要格外注意：

（1）减少使用自定义函数，尤其是减少函数之间相互调用

由于 MATLAB 本身函数调用的底层逻辑，未添加到 MATLAB 文件夹中的函数无法进行调用，在使用时会报错。而且在使用自定义函数时，MAT-LAB 在计算机存储空间中定位和调用自定义函数会消耗额外的时间，这对一些大型程序而言，会显著降低运行速度，增加物理内存的使用量。为了方便使用，提高程序普适性，不建议使用过多自定义函数，尤其是在自定义函数中嵌套使用了其他自定义函数的情况。此外，MATLAB 的自定义函数调用还需要在磁盘中定位函数位置，并向系统重新请求分配内存，这会极大地影响程序运行速度和效率。因此，在程序不太长的情况下，尽可能将所有功能封装到一个文件中方便使用。

（2）函数名、变量名定义有意义

在命名变量名和函数名时，力求"名副其实"，即看到这个变量时，能理解它表达或者计算的是什么内容。此外，中英文不要混用，推荐统一使用英文进行表达。例如，计算平均值时，用"average""avg"等会很清晰；如果用其他变量，如"pingjun""pj"等则会意义不明确。同时，不要将一些常用变量用于表述其他意义。如英文字母中的 $i\sim n$ 等常用于作为循环变量，x、y 等则常用于表示自变量和因变量，month、tt、hh、mm 等变量一般表示时间（月、时间、小时、分钟）。字母 $i\sim n$ 常作为循环变量不仅在 MATLAB 中适用，在 C、C++、Python、Java 等语言中同样适用。其原因为第一种被广泛使用的高级语言 FORTRAN 中规定：凡是以 i、j、

k、l、m、n 开头的变量，为整型变量（integer 的首字母为 i，数学上表示整数常用 n），凡是不以这些字母开头的变量，为实型变量（现称为浮点变量）。这一习惯也从 FORTRAN 时代沿用至今，编程人员也将这种习惯使用在了其他编程语言中。将常用的变量进行组合也便于后续检查调试代码，例如 "avg_1h" 表示 1 小时平均值，"std_PM25_Jan" 表示 1 月份 $PM_{2.5}$ 浓度的标准差等。

（3）多写日志，多加注释

对于一个由多人共同维护的程序而言，日志显得极其重要；对于独立维护的程序而言，日志也可以帮助快速查找问题。一个程序的日志可以看作一个实验人员的实验记录、一个运维人员的维护记录等。及时记录日志方便快速查看异常事件、定位问题出现的位置、查找代码变更记录。

代码注释的重要性在 7.1 节中已经提到。尤其是多人共同维护的程序，更需要多加代码注释，力求减少不同维护人员之间的误解，节约时间成本。每一个新出现的变量都要加注释，即这个变量在后面代表的意义；每一个代码段至少有说明性注释，即这一代码段实现的功能。

第 8 章　气象数据的读取

本章主要介绍如何获取一定空间尺度（全国或全球）气象数据并进行处理，以及后续筛选、处理与可视化的方法。通过本章的讲解，读者可以基于原始数据，掌握空间尺度气象数据分析的方法。

8.1　气象数据介绍与数据说明

气象数据可以通过美国国家气候数据中心（National Climatic Data Center, NCDC）获取。根据时间段，每一个气象站单独保存。因此，当进行大空间尺度的分析时，将会生成多个气象站的文件，这些文件的存储格式为 isd-lite。这些文件可以通过记事本打开并查看，以便进行程序设计时参考。用记事本打开一个 isd-lite 文件可以看到如图 8-1 所示的数据格式。

按照官方数据说明文件，图 8-1 中各列数据分别表示下列含义：第 1 列为观测年（yyyy 格式）；第 2 列为观测月（MM 格式）；第 3 列为观测日（dd 格式）；第 4 列为观测小时（hh 格式）；第 5 列为气温（0.1℃）；第 6 列为露点温度（0.1℃）；第 7 列为气压（Pa）；第 8 列为风向（deg）；第 9 列为风速（0.1 m/s）；第 10 列之后的数据由于都是缺失值且测量准确度较低，可不使用。

数据处理需求为：文件夹 example8_1 中有 2015 年全年我国各个气象站的 isd-lite 气象数据，要求把这些数据的日均值处理到 Excel 文件中，并

```
2014 01 01 00   126   11 10212   150     20    0 -9999 -9999
2014 01 01 01   160   10 -9999 -9999     10 -9999 -9999 -9999
2014 01 01 02   170   10 -9999 -9999     10    0 -9999 -9999
2014 01 01 03   177   -5 10215   340     20    1 -9999 -9999
2014 01 01 04   180   10 -9999   320     21 -9999 -9999 -9999
2014 01 01 05   190   40 -9999   290     31    0 -9999 -9999
2014 01 01 06   186   46 10181   290     30    1 -9999     0
2014 01 01 07   190   30 -9999   280     26    0 -9999 -9999
2014 01 01 08   190   30 -9999   280     31    0 -9999 -9999
2014 01 01 09   188   35 10175   270     20    1 -9999 -9999
2014 01 01 10   180   30 -9999 -9999     10    0 -9999 -9999
2014 01 01 11   170   40 -9999    90     21 -9999 -9999 -9999
2014 01 01 12   170   71 10179   130     20    1 -9999 -9999
2014 01 01 13   170   60 -9999   100     31 -9999 -9999 -9999
2014 01 01 14   170   50 -9999   100     31 -9999 -9999 -9999
2014 01 01 15   156   68 10182    70     50    1 -9999 -9999
2014 01 01 16   170   80 -9999    90     31    0 -9999 -9999
2014 01 01 17   160   80 -9999   120     31    0 -9999 -9999
2014 01 01 18   159   91 10178    80     40    1 -9999     0
```

图 8-1 isd-lite 气象文件的格式

以其中的某个站点为例，作出一年间月均气温的变化曲线和 8 月份气温的日变化曲线；最后，作出冬季（1、2、12 月）的风玫瑰图。

8.2 需求解读与程序设计思路

对上述需求进行解读，可以看出对程序设计提出了如下要求：

① 文件格式为 isd-lite，不方便读取，需要转换成 Excel 文件以方便读取；

② 原始文件的时间分辨率为 1 小时或 3 小时，而需求的时间分辨率不用很高，时间分辨率为 1 天即可；

③ 需要按照月份统计平均气温并绘图，但计算气温日变化曲线时，还需要用到原始文件的时间分辨率；

④ 需要作出风玫瑰图，风玫瑰图作图时要求的时间分辨率需要尽可能高。

总结来看，绘图用到了两种时间分辨率数据：原始的小时分辨率数据以及处理后的日均值。从便于处理数据的角度来看，在输出的 Excel 文件中最好同时保留两种时间分辨率的数据。上述需求可以总结为图 8-2 所示的程序设计逻辑。

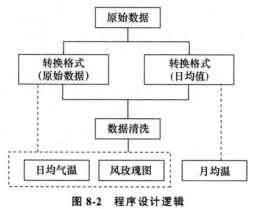

图 8-2 程序设计逻辑

8.3 程序设计

1. 读取原始数据

在文件 example8_1 中，共有 419 个气象站的数据，要实现对它们的顺序读取和数据保存。因此首先需要对文件进行批量读取，读取后再对数据进行分隔和保存。为了提高程序的可用性，方便读者后续选择其他文件夹，此处使用交互式的 uigetdir () 函数手动选择文件夹。

```
clear
%% 模块一：数据读取与保存
maindir = uigetdir ();% 用户选择文件夹
cd (maindir)% 设置选定的文件夹为当前活动文件夹
RawFile = dir ('* * /*.*');% 提取所有文件
AllFile = RawFile ( [RawFile.isdir] = = 0);
if isempty (fieldnames (AllFile) )
    fprintf ('There are no files in this folder! \n');
else% 当前文件夹下有文件，反馈文件数量
```

```
    fprintf ('Number of Files: % i \ n', size (All-
       File, 1) );
end
n = length (AllFile);% 一共有多少个文件
fileNames = {AllFile.name} ';% 将文件名构成一个新的元
    胞数组
mkdir ('导出')% 保存到一个新文件夹
% 以下循环为读取文件
for i = 1: n
    filename = fileNames {i};% 读取第 i 个文件的文件名
    data = load (filename);% 使用 load 直接加载第 i 个文
件的数据
    data (data = = -9999) = NaN;% 将所有缺失数据格式统
       一为 NaN
    tt = data (:, [1: 4] );% 记录数据时间
    Tem = data (:, 5) ./10;% 保存温度为℃
    dp = data (:, 6) ./10;% 保存露点温度为℃
    Pres = data (:, 7);% 保存气压
    WD = data (:, 8);% 保存风向
    WS = data (:, 9) ./10;% 保存风速为 m /s
    met_data = [Tem dp Pres WD WS];
    final = [tt met_data];% 保存为时间与气象数据对应的
       格式
    xls_filename = strcat ('导出 \', filename, '.xlsx');
    xlswrite (xls_filename, final);% 保存为 xlsx 格式
end
```

2. 时间分辨率转换并保存

上面已经保存了原始数据导出的 Excel 文件，接下来即可根据这些 Ex-cel 文件进行数据处理，主要是将时间分辨率从 1 小时或 3 小时转换为 1

天，并再次保存。

```matlab
%% 模块二：时间分辨率转换并保存
cd 导出
RawFile = dir ('* * / * .xlsx');% 提取所有 xlsx 文件
AllFile = RawFile ([RawFile.isdir] == 0);
if isempty (fieldnames (AllFile))
    fprintf ('There are no files in this folder! \n');
else% 当前文件夹下有文件，反馈文件数量
    fprintf ('Number of Files: % i \n', size (All-
        File, 1) );
end
n = length (AllFile);
fileNames = {AllFile.name}';% 将文件名构成一个新的元
    胞数组
for i = 1: n
    filename = fileNames {i};
    [A B] = xlsread (filename);
    try
        dif = diff (A (:, 3) );% 找到日期切换的点
        ind = find (dif ~ = 0);
        ind = [0; ind];% 判断切换日期的点
        for j = 1: size (ind, 1)
            if j ~ = size (ind, 1)% 根据情况分割每一天
                的数据
                daily_data = A (ind (j) +1: ind (j+
                    1), [5: end] );
            else
                daily_data = A (ind (j) +1: end, [5:
                    end] );
```

134

```
        end
        avg (j,:) = mean (daily_data, 'omitnan');%
            求日均值
        date (j,:) = A (ind (i) +1, [1: 4] );%记
            录切换日期的时间点，作为平均值对应的时间
    end
    final_avg = [date avg];%合并日期和数据
catch% 如果没有数据，则用一个 NaN 矩阵进行填充
    final_avg = ones (2000, 9) .* NaN;
end
xlswrite (filename, final_avg, 'avg_1d');%写入
    打开的 Excel 表格中，工作表名为 avg_1d
end
```

3. 数据可视化

```
%% 模块三：数据可视化 (以站点 450070 为例)
clear; clc; clf
[A B] = xlsread ('…\气象数据\china_isd_lite_2014\
    china_isd_lite_2014\导出\450070-99999-
    2014.xlsx', 1);%读取小时值数据
[C D] = xlsread ('…\气象数据\china_isd_lite_2014\
    china_isd_lite_2014\导出\450070-99999-
    2014.xlsx', 'avg_1d');%读取日均值数据
% 日均值绘图
ind1 = find (A (:, 2) = =8);%定位 8 月份的位置
data1 = A (ind1,:);%挑选出 8 月的所有数据
for i=0: 23
    ind_hour = find (data1 (:, 4) = =i);%寻找出每个小
        时的数值
```

```matlab
    data_hour=data1 (ind_hour,:);% 挑选出每个小时的
      数据
    data_hour_avg (i+1,:) = mean (data_hour,
      'omitnan');% 求平均值
    data_hour_std (i+1,:) = std (data_hour, 0);% 求
      标准偏差
end
Tem=data_hour_avg (:, 5)';% 第 5 列表示温度
Tem_std=data_hour_std (:, 5)';
hour = [0: 1: 23];% 自变量为小时
errorbar (hour, Tem, Tem_std, 'Color', '#218506',
  'LineWidth', 2, 'Marker', 'o', 'MarkerEdgeColor', 'k', …
    'MarkerFaceColor', [1 1 1], 'MarkerSize', 6);% 绘
      制带误差棒的折线图
% 以下执行绘图区设置
f=gca;
set (f, 'FontSize', 16, 'FontName', 'Times New Roman',
  'FontWeight', 'bold');
xlim ( [0 23] );
ylim ( [26 36] );
set (f, 'XTick', [0: 1: 23], 'YTick', [26: 2: 36],
  'YTickLabel', [26: 2: 36], 'XGrid', 'on');
set (f, 'XTickLabel', {'0 点''1 点''2 点''3 点''4 点''5 点'
  '6 点''7 点'…
    '8 点''9 点''10 点''11 点''12 点''13 点''14 点''15 点''16
      点''17 点''18 点''19 点''20 点''21 点'…
    '22 点''23 点'}, 'FontName', '黑体');
xlabel ('时间', 'FontSize', 16, 'FontName', '黑体',
  'FontWeight', 'Bold');
```

```
ylabel ('温度（℃)','FontSize', 16,'FontName', '黑体',
    'FontWeight', 'Bold');
saveas (figure, '8月气温日变化 .jpg');%保存图片
```

气温日变化的绘图结果如图 8-3 所示。

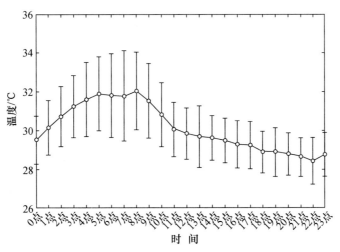

图 8-3　站点 8 月气温日变化情况

```
% 风玫瑰图绘图
wind_direction=A (:, 8);% 提取风向
wind_speed=A (:, 9);% 提取风速
figure
pax=polaraxes;% 设置坐标为极坐标
hold on
% 分 bins 列出对应的风向风速
polarhistogram (deg2rad (wind_direction (wind_
    speed>=7) ), deg2rad (0: 10: 360), 'FaceColor',
    'r', 'displayname', '>7 m/s')
polarhistogram (deg2rad (wind_direction (wind_
    speed<7) ), deg2rad (0: 10: 360), 'FaceColor',
    'y', 'displayname', '5-7 m/s')
polarhistogram (deg2rad (wind_direction (wind_
```

```
    speed < 5 ) ), deg2rad ( 0 : 10 : 360 ), ' FaceColor',
    'g', 'displayname', '3 - 5 m/s')
polarhistogram ( deg2rad ( wind _ direction ( wind _
    speed < 3 ) ), deg2rad ( 0 : 10 : 360 ), ' FaceColor',
    'b', 'displayname', '0 - 3 m/s')
pax.ThetaDir = 'clockwise';% 按照顺时针排列
pax.ThetaZeroLocation = 'top';% 0° 在正上方（北位置）
pax.FontName = 'Times New Roman';
pax.FontSize = 16;
pax.FontWeight = 'bold';
legend ('Show')% 展示图例
saveas (gcf, '风玫瑰图 .jpg');% 保存图片
```

风玫瑰图绘图结果如图 8-4（彩插图 8-4）所示。

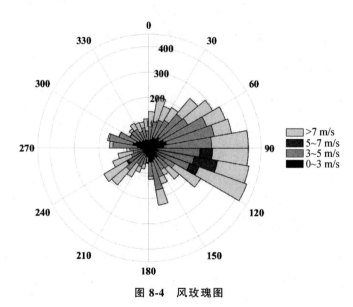

图 8-4 风玫瑰图

```
% 月均温绘图
clearvars -except A B C D % 清除无关变量
% 寻找每个月的数据点并进行平均
for i = 1 : 12
```

```
    ind1 = find (C (:, 2) == i);
    data = C (ind1,:);
    avg (i,:) = mean (data, 'omitnan');
    stdev (i,:) = std (data, 0);
end
Tem = avg (:, 5);
Tem_std = stdev (:, 5);
month = [1: 1: 12];% 自变量为月份
Tem = Tem';% 转置统一矩阵维度
Tem_std = Tem_std';
errorbar (month, Tem, Tem_std, 'b', 'LineWidth',
    1.5, 'Marker', 'diamond', 'MarkerEdgeColor', 'k', …
        'MarkerFaceColor', [1 1 1], 'MarkerSize', 6);
f = gca;
set (f, 'FontSize', 16, 'FontName', '黑体', 'Font-
    Weight', 'bold');
xlim ( [1 12] );
ylim ( [10 35] );
set (f, 'XTick',  [1: 1: 12], 'YTick',  [10: 5: 35],
    'XTickLabel', {'1 月''2 月''3 月''4 月''5 月''6 月''7 月'
    '8 月'…
        '9 月''10 月''11 月''12 月'}, 'YTickLabel', [-5: 5:
        30] );
set (f, 'YMinorTick', 'on', 'XGrid', 'on');
xlabel ('月份', 'FontSize', 16, 'FontName', '黑体',
    'FontWeight', 'Bold');
ylabel ('温度 (℃)', 'FontSize', 16, 'FontName', '黑体',
    'FontWeight', 'Bold');
saveas (gcf, '月平均气温 .jpg');% 保存图片
```

月平均气温变化绘图结果如图 8-5 所示。

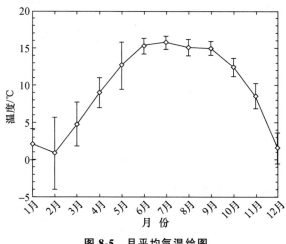

图 8-5　月平均气温绘图

8.4　气象数据处理时的注意事项

严格来说，大部分气象参数不能通过直接进行算数平均的方法得到平均值。对于温度和湿度来说，日均温度和湿度是每日 2、8、14、20 点的数据的平均值。但对于 NCDC 的数据而言，大部分站点的时间分辨率为 3 小时，如果严格按照上面的规则求日均温湿度，则会出现大量的数据缺失，而这显然也是不合理的。因此，在上面的例子中，采用了直接求平均的方法进行。

但是对于风向风速而言，算数平均的方法是不可行的。尤其是风向，由于东北风对应的风向数值一般较小，而南风的风向数值普遍较大，因此如果对风向求算术平均值，会出现风向整体偏南的情况。这也就是在上一节中，画风频玫瑰图用到了原始时间分辨率的数值，而非日平均值的原因；同理，对于风玫瑰图的绘制，时间分辨率越高，得到的统计结果越准确。风向表示方向，而风速表示大小，一个有大小、方向的量也就是一个矢量。如果需要对风向风速求平均，需要将二者整体看作一个风矢量，然后使用矢量平均的方法求平均。风矢量分解的方式如图 8-6 所示：

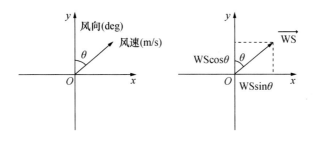

图 8-6　气象站测得风向、风速的定义（左图）及矢量分解（右图）

当把一段时间内的所有风矢量都投影到 x 和 y 方向上时，它们就分别变成了只有大小的标量，此时可以进行平均。风矢量平均的方法代码如下：

```
%%读取数据
clear
[A B] =xlsread ('…\wind.xlsx');
tt =datevec (B (2: end, 1) );
hour =tt (:, 4);
dif =diff (hour);
newhour =find (dif ~= 0);
newhour = [0; newhour];
WS =A (:, 1);
WD =A (:, 2);
%%矢量分解
for i =1: size (WD, 1)
    WSx (i, 1) =WS (i, 1) .* cosd (WD (i, 1) );
    WSy (i, 1) =WS (i, 1) .* sind (WD (i, 1) );
end
vecdata = [WSx WSy];
%%风速平均
for j =1: size (newhour, 1)
    if j ~= size (newhour, 1)
```

```
            data = vecdata (newhour (j) +1: newhour (j+
                1),:);
        else
            data = vecdata (newhour (j) +1: end,:);
        end
        WS_avg (j,:) = mean (data, 'omitnan');
    end
    for k=1: size (WS_avg)
        meanWS (k, 1) = sqrt (WS_avg (k, 1) ^2+WS_avg
            (k, 2) ^2);%%平均风速
    end
    %%风向平均
    for i=1: size (WS_avg)
        if WS_avg (i, 1) >0 & WS_avg (i, 2) >0
        meanWD (i, 1) = atan (WS_avg (i, 2) ./WS_avg
            (i, 1) );%%平均风向
        elseif WS_avg (i, 1) <0
            meanWD (i, 1) = atan (WS_avg (i, 2) ./WS_
                avg (i, 1) ) +180;
        elseif WS_avg (i, 1) >0 & WS_avg (i, 2) <0
            meanWD (i, 1) = atan (WS_avg (i, 2) ./WS_
                avg (i, 1) ) +360;
        end
    end
```

以上代码实现了将风矢量从 1 分钟时间分辨率平均为 1 小时时间分辨率，如果需要平均为其他时间分辨率，读者可自行对上述代码进行更改。简单来说，风矢量平均包括以下几步：① 投影，把风矢量分别投影到 x 和 y 方向；② 平均，把 x 和 y 方向的分量分别作平均；③ 矢量合成，根据向量相加的原则，合成平均后的风矢量。

常规污染物，包括气体污染物（CO、SO_2、NO_2、NO、O_3）和颗粒物（$PM_{2.5}$、PM_{10}）的浓度通常通过气体浓度监测仪和颗粒物质量连续监测仪获得。本章将讲解上述仪器的基本原理，以及如何处理常规污染物气体数据，并进行深度分析。

9.1 仪器原理

1. 一氧化碳（CO）浓度连续测定仪

来自仪器内部红外光源的红外线依次通过旋转的滤光轮中的 CO 和 N_2 滤光器，然后红外辐射通过一个窄带干扰滤光片进入光室。在光室中，样气中的 CO 吸收红外辐射。CO 在 4.6 μm 处可以对红外辐射特征吸收，根据红外辐射的初始值和吸收后的值，可以输出电信号。仪器内部有一条 CO 吸收红外辐射的电信号与其浓度之间的标准曲线，根据标准曲线可以计算出此时样气中 CO 的浓度。以目前常用某型号 CO 连续测定仪为例，其最高允许的 CO 浓度为 1000 ppm（10^{-6}），仪器检测限为 0.04 ppm，最高时间分辨率为 1 分钟。

2. 二氧化硫（SO_2）浓度连续监测仪

SO_2 连续监测的基本原理是脉冲荧光法，通过波长 190~230 nm 的紫外线照射，SO_2 发生能级跃迁，基态 SO_2 分子跃迁到激发态。这种不稳定的中间体回到基态会发射出中心波长为 330 nm 的荧光，产生这种荧光的强度与 SO_2 浓度成正比，通过电子倍增管测量荧光强度即可得到对应的 SO_2 浓度。以目前常用某型号 SO_2 连续测定仪为例，其最高允许测定的 SO_2 浓度为 100 ppm，根据时间分辨率不同，仪器检测限也不同：时间分辨率最高为 10 秒，此时仪器检测限为 2 ppb（10^{-9}）；时间分辨率为 5 分钟时，仪器检测限可以达到 0.05 ppb。

3. 氮氧化物（NO-NO_x-NO_2）浓度连续监测仪

氮氧化物连续监测的原理是化学发光法，NO 与 O_3 反应的发光光谱起始于 600 nm，延伸至近红外区，中心波长为 1200 nm。仪器内进行 NO 和 NO_x 两种模式的测定：在 NO 模式下，样气直接经过放电臭氧反应器与 O_3 进行反应，封装在热电冷却器内的光电倍增管检测到发光的电信号并转化为 NO 浓度；在 NO_x 模式下，所有的样气被送入钼加热炉，在 325℃ 的温度下，NO_2 全部转化为 NO，然后再进入放电臭氧反应器，此时测出的 NO 浓度实际上是 NOx 的浓度，内部存储器通过记录下 NOx 与 NO 的浓度，差减得到 NO_2 浓度。

4. 臭氧（O_3）浓度连续测定仪

O_3 浓度监测的原理是紫外光度法，即 O_3 在 254 nm 处特征性的吸收紫外光。样气进入仪器后，通过除水室除湿，然后分为两路：其中一路进入净气室去除 O_3，成为参比气；另一路进入样品气电磁阀。通过不断在参比气和样气之间切换检测紫外光强度，根据朗伯-比尔定律，吸光强度与其待测物质的浓度成正比，计算出实测 O_3 的浓度。以某型号 O_3 连续测定仪为例，其最高时间分辨率为 20 s，检测限为 0.05 ppb，最高允许检测的 O_3 浓度为 200 ppm。

5. 颗粒物（$PM_{2.5}$、PM_{10}）质量浓度 β-射线法测定仪

颗粒物质量浓度测定仪内部有一个滤带，颗粒物以 16.7 L/min 的流量通过 PM_{10} 和 $PM_{2.5}$ 切割头，然后沉积在滤带上。通过 β 衰减室测量沉积的悬浮颗粒物的 α 辐射量，并通过 β 衰减排除来自氡气衰变核素的负质量测量偏差，两者综合得到辐射量的信号强度。将信号强度转换为颗粒物的质量后，通过校准孔板测量采样体积，计算得到环境中颗粒物的质量浓度。以某型号测定仪为例，其允许检测的最高颗粒物质量浓度为 100 mg/m³，

最低检测限为 4 μg/m³，长期运行可以输出的最高时间分辨率为 1 分钟。

9.2　数据介绍与需求分析

常规气体和颗粒物浓度通过输出端口导出后，时间格式为 "yyyy-MM-dd mm：ss" 的格式，导出的原始分辨率为 1 分钟。由于存在停电、仪器内部校正、气体流量异常等原因，仪器导出的数据可能存在坏点和异常值。文件 example9_2.xlsx 中给出了某时间段内常规气体气象参数 1 分钟时间分辨率的原始数据，现希望实现以下功能：① 绘制观测期间 $PM_{2.5}$ 浓度的时间序列；② 用箱线图表示出 O_3 浓度的日变化情况；③ 定义 $O_x = O_3 + NO_2$，表现出 O_3 和 NO_2 在 O_x 中占比的日变化情况；④ 判断每个小时的空气质量指数，并给出污染时的首要污染物，首要污染物的具体计算方法如下。

根据《环境空气质量标准（GB3095—2012）》，每小时的 IAQI 与大气环境污染物的浓度（μg/m³）按照表 9-1 的关系进行换算。

表 9-1　我国《环境空气质量标准》中 IAQI 小时值与污染物质量
浓度（μg/m³）的换算关系，CO 浓度为 mg/m³

IAQI	c（SO_2）	c（NO_2）	c（CO）	c（O_3）	c（$PM_{2.5}$）**	c（PM_{10}）**
0	0	0	0	0	0	0
50	150	100	5	160	35	50
100	500	200	10	200	75	150
150	650	700	35	300	115	250
200	800	1200	60	400	150	350
300	*	2340	90	800	250	420
400	*	3090	120	1000	350	500
>500	*	3840	150	1200	500	600

＊：当 SO_2 小时浓度超过 800 μg/m³ 时，不再计算 IAQI，而是以浓度代替；
＊＊：$PM_{2.5}$ 和 PM_{10} 指每个自然日的平均值。

IAQI 与污染物质量浓度之间的换算公式为

$$IAQI = \frac{IAQI_1 - IAQI_0}{c_1 - c_0} \times (c - c_0) + IAQI_0$$

需要先根据浓度 c 判断污染物浓度位于哪两个 IAQI 的值之间，$IAQI_1$ 和 $IAQI_0$ 分别代表污染物浓度 IAQI 位于区间的上限和下限值，c_1 和 c_0 分别代表 $IAQI_1$ 和 $IAQI_0$ 对应的污染物浓度。例如，$PM_{2.5}$ 的日平均值为 $174\ \mu g/m^3$，则其 IAQI 计算为

$$IAQI = \frac{150-100}{250-150} \times (174-150) + 100 = 112$$

实时空气质量状况中，每小时的空气质量指数指的是上面计算出的小时 IAQI 中的最大值。根据 gas_1h.xlsx 中的数据，将污染物浓度转换为 IAQI，并计算小时 AQI。需要注意的是，气体污染物（包括 SO_2、NO_2、CO、O_3）的测量值单位为 ppb（10^{-9}），需要先转换成 $\mu g/m^3$。

分析上述需求，可以发现以下几点：① 原始数据中同时存在坏点和异常值，需要都进行去除并统一格式；② 原始时间分辨率为 1 分钟，而除了 $PM_{2.5}$ 时间序列外，其余用到的都是 1 小时的时间分辨率，$PM_{2.5}$ 的时间序列也可以使用 1 小时的时间分辨率进行绘制；③ 要计算 AQI，就要分别计算每种污染物的 IAQI，找出最高值，再判断这个值是否高于 50，高于 50 的需要统计首要污染物。因此，上述数据处理与可视化的需求可以用图 9-1 总结。

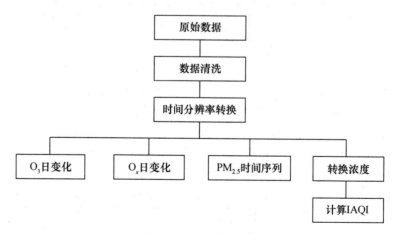

图 9-1　程序设计逻辑

9.3 程序设计

1. 数据读取与数据清洗

通过原始数据可以看出，原始数据中存在着部分略小于 0 的点，这些点并非异常值，而是污染物浓度过低导致低于仪器检出限，仪器根据信号值计算得到的结果。对于这些点的处理，可以统一处理成 0 或仪器检出限（见 9.1 节）以方便计算。此处统一为 0 进行处理。

```
clear
% 模块一：数据读取与清洗
[A B] =xlsread ('…\ example9_1.xlsx');
B = B (2：end,:);% 去除表头
% 将时间提取为时间矩阵
for i =1: size (A, 1)
    mark = strfind (B {i, 1}, ':');
    if isempty (mark) = = 0
        ind1 = strfind (B {i, 1}, '/');
        ind2 = strfind (B {i, 1}, '');
        ind3 = strfind (B {i, 1}, ':');
        year (i, 1) = str2num (B {i} (1: ind1 (1) -
           1) );
        month (i, 1) = str2num (B {i} (ind1 (1) +1:
           ind1 (2) -1) );
        day (i, 1) = str2num (B {i} (ind1 (2) +1:
           ind2 (end) -1) );
        h (i, 1) = str2num (B {i} (ind2 (end) +1:
           ind3 (1) -1) );
        mm (i, 1) = str2num (B {i} (ind3 (1) +1:
```

```
        ind3 (end) -1) );
    else
        ind1 = strfind (B {i, 1}, '/');
        year(i,1) = str2num(B{i}(1:ind1(1)-1));
        month(i,1) = str2num(B{i}(ind1(1)+1:ind1
        (2)-1));
        day(i,1) = str2num(B{i}(ind1(2)+1:end));
        h (i, 1) = 0;
        mm (i, 1) = 0;
    end
end
A (A==-999) = NaN;% 将所有坏点的格式统一为 NaN
A (A<0 & A>-5) = 0;% 将低于检测限的数值统一为 0
for j=1: size (A, 2)
    x_data = A (:, j);% 选择某一种污染物数据
    lx = length (x_data);% 判断数据长度
    % 围绕每个数据生成窗口
    k = 50; % 窗口大小，通常取 50 比较合适
    iLo = (1: lx) -k;% 寻找每个窗口数据的上下限
    iHi = (1: lx) +k;
    % 截断窗口
    iLo (iLo<1) = 1;
    iHi (iHi>lx) = lx;
    % 计算每个窗口的中位数 mmed，并计算每个数据相对于中
      位数的偏差 mmad
    for k=1: 1: lx
        w = x_data (iLo (k): iHi (k) );
        medk = median (w);
        mmed (k) = medk;
```

```
        mmad (k) = median (abs (w-medk) );
    end
%% 获得标准偏差的估计值
sd = mmad/ (erfinv (1/2) * sqrt (2) );
%% 查找数据中超出 5 倍 sd 值的异常值, 并用该窗口中的
    中位数值来代替
yu = x_data;
for i = 1: 1: lx
    if abs (x_data (i) -mmed (i) ) > (5 * sd
    (i) ) % 可以通过控制阈值系数来确定异常值的范围
        yu (i) = mmed (i);
    end
end
clean_data (:, j) = yu;% 将清洗后的数据分别存储
end
```

2. 时间分辨率转换

```
clear i j k
dif = diff (h);
ind = find (dif ~ = 0);
ind = [0; ind];% 寻找小时切换的点
all_time = [year month day h mm];% 将时间组合
for i = 1: size (ind, 1)
    if i ~ = size (ind, 1)
        data = clean_data (ind (i) +1: ind (i+1),:);
    else
        data = clean_data (ind (i) +1: end,:);% 最后
            一个值要取到数据文件的末尾
    end
```

```
        avg (i,:) = mean (data, 'omitnan');% 求平均值
        time (i,:) = all_time (ind (i) +1, 1);
end
avgdata_1h = [time avg];% 转换时间分辨率后的数据
```

3. 求 IAQI 及 AQI

```
%% 模块三：计算 IAQI 及 AQI
IAQI_std = [0 0 0 0 0 0 0; 50 150 100 5 160 35 50; 100
    500 200 10 200 75 150; 150 650 700 35 300 115 250; …
        200 800 1200 60 400 150 350; 300 NaN 2340 90 800
        250 420; 400 NaN 3090 120 1000 350 500; …
    500 NaN 3840 150 1200 500 600];% 按照顺序读入 IAQI
        的标准值，第一列是 IAQI 的数值
dif = diff (avgdata_1h (:, 3));
ind = find (dif ~ = 0);% 寻找日期转换的点，主要是计算
    PM_{2.5} 和 PM_{10} 的日均值
ind = [0; ind];
PM_conc = [];% 合并 PM_{2.5} 和 PM_{10} 的日均值浓度
for i =1: size (ind, 1)
    if i ~ = size (ind, 1)
        PM = avgdata_1h (ind (i) +1: ind (i+1), 7:
            8);% 读入每天的 PM 值
    else
        PM = avgdata_1h (ind (i) +1: end, 7: 8);
    end
    for j =1: size (PM, 1)
        PM_conc_new (j,:) = mean (PM (1: j,:), 1,
            'omitnan');% 根据定义，计算该小时的 PM 评价值
    end
```

```
    PM_conc = [PM_conc; PM_conc_new];% 合并 PM₂.₅ 和
        PM₁₀ 的评价值浓度
    clear PM_conc_new
end
SO2 = avgdata_1h (:, 1) * 80/22.4;% 下同，将 ppb 转换为
    μg/m3
NO2 = A (:, 5) * 46/22.4;
CO = A (:, 2) * 28/22.4/1000;
O3 = A (:, 6) * 48/22.4;
PM25 = PM_conc (:, 2);
PM10 = PM_conc (:, 1);
IAQI_list = [SO2 NO2 CO O3 PM25 PM10];% 统一成 IAQI 的
    顺序
for i = 1: size (IAQI_list, 1)
    for j = 1: size (IAQI_list, 2)
        if isnan (IAQI_list (i, j)) == 0
            ind1 = max (find (IAQI_std (:, j+1) <IAQI_
                list (i, j)));% 判断 IAQI 的下限值
            ind2 = min (find (IAQI_std (:, j+1) >=IAQI_
                list (i, j)));% 判断 IAQI 的上限值
            IAQI_cacl (i, j) = ((IAQI_std (ind2,
                1) - IAQI_std (ind1, 1)) / (IAQI_std
                (ind2, j + 1) - IAQI _ std (ind1, j +
                1))) …
                    * (IAQI _ list (i, j) - IAQI _ std
                    (ind1, j+1)) + IAQI_std (ind1,
                    1);% 计算每种污染物的 IAQI
        else
            IAQI_cacl (i, j) = -999;
```

```
            end
        end
        max_IAQI (i,:) = max (IAQI_cacl (i,:) );% 计算小
            时 AQI
    end
```

4. 数据可视化

```
%% 模块四：数据可视化
clearvars -except avgdata_1h
% 臭氧日变化箱线图
O3 = avgdata_1h (:, 11);
for i = 0：23
    ind = find (avgdata_1h (:, 4) = =i);% 寻找每个小时
        的数据点
    data (:, i+1) = O3 (ind,:);
end
% 以下为绘图区设置
boxplot (data, 'BoxStyle', 'outline', 'Colors', 'k'…;
'OutlierSize', 8, 'Symbol', ['r', 'x'], 'Width', 0.8);
ylabel ('MDA8 O_3 (ppb)', 'FontName', 'Times New Ro-
    man');
xlabel ('时间, 'FontName', '黑体');
set (gca, 'Fontsize', 16, 'FontName', 'Times New Ro-
    man', 'FontWeight', 'Bold');
set (gca, 'XTickLabel', {'0 点''1 点''2 点''3 点''4 点''5
    点''6 点''7 点'…
        '8 点''9 点''10 点''11 点''12 点''13 点''14 点''15 点''16
            点''17 点''18 点''19 点''20 点''21 点'…
        '22 点''23 点'}, 'FontName', '黑体, 'XGrid', 'on');
```

绘制得到的臭氧浓度日变化特征箱线图如图 9-2 所示。

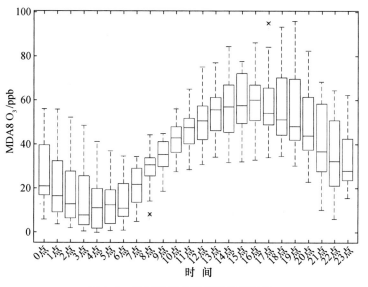

图 9-2　臭氧浓度日变化特征箱线图

```
% Ox 日变化及贡献
clearvars -except avgdata_1h O3
NO2 = avgdata_1h (:, 10);% 提取 NO2 数据
for i = 0: 23
    ind = find (avgdata_1h (:, 4) = =i);% 寻找每个小时
      的数据点
    O3_daily (i+1,:) = O3 (ind, 1);
    NO2_daily (i+1,:) = NO2 (ind, 1);
end
O3_avg = mean (O3_daily, 2, 'omitnan');
NO2_avg = mean (NO2_daily, 2, 'omitnan');
hour = [0: 1: 23];
Ox = [O3_avg NO2_avg];% 将 NO2 与 O3 合并为 Ox
b = bar (hour, Ox, 'stacked');% 使用 stacked 产生堆叠直
      方图
xlabel ('时间, 'FontName', '黑体', 'FontSize', 14);
ylabel ('Ox (ppb)', 'FontName', 'Times New Roman',
```

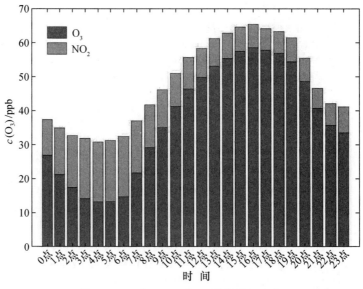

'FontSize', 16);

b（1）.FaceColor＝'#52B5F3'; % 调整第一个 bar 的颜色为天蓝色

b（2）.FaceColor＝'#F5C904'; % 调整第二个 bar 的颜色为暗橙色

set（gca, 'FontSize', 16, 'FontName', 'Times New Roman', 'FontWeight', 'bold'); % 修改坐标字体

legend（b, 'O_3', 'NO_2', 'Location', 'northeastoutside'); % 在右上角生成图例

set（gca, 'XTick', [0：1：23], 'XTickLabel', {'0 点''1 点''2 点''3 点''4 点''5 点''6 点''7 点'…

　　'8 点''9 点''10 点''11 点''12 点''13 点''14 点''15 点''16 点''17 点''18 点''19 点''20 点''21 点'…

　　'22 点''23 点'}, 'FontName', '黑体');

使用柱状图表示 NO_2 和 O_3 对于 O_x 的贡献，最终结果如图 9-3 所示。

图 9-3　O_3 与 NO_2 对 O_x 贡献的日变化

% $PM_{2.5}$ 时间序列

```
clearvars -except avgdata_1h
PM25=avgdata_1h (:, 13);
sec=ones (size (avgdata_1h, 1), 1) .*0;% 设置一个
    秒矩阵，并统一为 0
date_vec= [avgdata_1h (:, [1: 5] ) sec];% 合并为时
    间矩阵
date_num=datenum (date_vec);% 将时间矩阵转换为日期
plot (date_num, PM25, 'LineWidth', 3, 'Color', '#
    9C5793');
set(gca,'FontSize',16,'FontName','Times New Roman',
    'FontWeight','bold');% 修改坐标字体
set (gca,' XLim', [738326 738348],' XTick', [738326: 2:
    738348],'YLim',[0 140],'YTick',[0:20:140],'XGrid','on');
set(gca,'XTickLabel',{'2021/6/19','2021/6/21','2021/
    6/23','2021/6/25','2021/6/27','2021/6/29','2021/7/1',
    '2021/7/3'…,
    '2021/7/5','2021/7/7','2021/7/9','2021/7/11'});
ylabel('PM_2._5 (μg/m^3)', 'FontName', 'Times New
    Roman', 'FontSize', 16);
```

$PM_{2.5}$ 时间序列的绘图结果如图 9-4 所示。

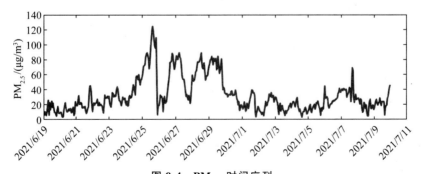

图 9-4 $PM_{2.5}$ 时间序列

第 10 章

电迁移粒径谱仪数据的处理

电迁移粒径谱仪（Scanning Mobility Particle Sizer, SMPS）是测量颗粒物粒径谱分布（Particle Number Size Distributions, PNSD）的仪器，可以获得不同粒径颗粒物的数浓度信息。本章将简单介绍 SMPS 的原理，以及如何处理导出的 SMPS 文件，并获得 PNSD 图和不同模态颗粒物的数浓度、体积浓度、质量浓度等信息。

10.1 SMPS 的仪器原理和数据格式

SMPS 主要由静电差分迁移率分析仪（Differential Mobility Analyzer, DMA）和凝结核粒子计数器（Condensation Particle Counters, CPC）组成。SMPS 的仪器原理可以简单描述如下：

1. 样气中的颗粒物通过 DMA 进行粒径筛选

不同颗粒物在电场中的迁移能力不同，迁移能力只与颗粒物自身的性质有关。DMA 可以根据在电场中迁移的能力不同实现对颗粒物的筛分。在 DMA 中时，带电的颗粒物根据它们所带电荷的正负向中轴线或者外电极运动。不同电迁移性的颗粒物到达电极的位置不同。因此，通过中轴线上的一个缺口可以从多分散的颗粒物中筛选出一定粒径大小的颗粒物。由于颗粒物的带电量不同，不同大小的颗粒物可能具有相同的电迁移性，这种筛选出的颗粒物并不是单分散的，但可以通过经验函数进行校正。此外，连接中和器后，也可以实现单分散颗粒物的筛选。

2. 筛选出的颗粒物经过 CPC 计数

颗粒物通过正丁醇的饱和蒸汽，当液体冷凝在颗粒物表面时颗粒物能迅速长大到激光可以检测的范围。当颗粒物周围的蒸汽达到一定的饱和度时，蒸汽就开始在颗粒物的表面凝结，这种凝结被称为异相凝结。由于 DMA 筛选得到的颗粒物粒径是一定的，则 CPC 在该时间段内测得的颗粒物个数即筛选出的该粒径的颗粒物个数。

本书中以美国 TSI 公司的 3080 型 DMA 导出的数据文件为例，讲解 SMPS 数据文件的读取。SMPS 的数据文件无法直接通过 MATLAB 读取，需要先通过 TSI 的 Aerosol Instrument Management（AIM）软件导出后，再通过 MATLAB 处理。AIM 导出的文件格式为文本文件（.txt），图 10-1 展示了 SMPS 数据文件导出的格式。

```
Sample File    C:\Users\wu\Desktop\SMPS-CP\BJCP0331.S80
Classifier Model    3080
DMA Model    3081
DMA Inner Radius(cm)    0.00937
DMA Outer Radius(cm)    0.01961
DMA Characteristic Length(cm)    0.44369
CPC Model    3772
Reference Gas Viscosity (Pa*s) 1.822e-005
Reference Mean Free Path (m)    6.642e-008
Reference Gas Temperature (K)    293.15
Reference Gas Pressure (kPa) 101.3
Channels/Decade    64
Multiple Charge Correction    TRUE
Nanoparticle Aggregate Mobility Analysis    FALSE
Diffusion Correction FALSE
Units    dw/dlogDp
Weight    Number
Sample # Date   Start Time   Sample Temp (C)   Sample Pressure (kPa)   Mean Free Path (m) Gas Viscosity (Pa*s) Diameter Midpoint  10.2  10.6  10.9  11.3   11.8  12.2  12.6  13.1  13.6  14.1  14.6
15.1  15.7  16.3  16.8  17.5  18.1  18.8  19.5  20.2  20.9  21.7  22.5  23.3  24.1  25.0  25.9  26.9  27.9  28.9  30.0  31.1  32.2  33.4  34.6  35.9  37.2
38.5  40.0  41.4  42.9  44.5  46.1  47.8  49.6  51.4  53.3  55.2  57.3  59.4  61.5  63.8  66.1  68.5  71.0  73.7  76.4  79.1  82.0  85.1  88.2  91.4  94.7
98.2  101.8  105.5  109.4  113.4  117.6  121.9  126.3  131.0  135.8  140.7  145.9  151.2  156.8  162.5  168.5  174.7  181.1  187.7  194.6  201.7  209.1  216.7  224.8  232.9  241.4
250.3  259.5  269.0  278.8  289.0  299.6  310.6  322.0  333.8  346.0  358.7  371.8  385.4  399.5  414.2  429.4  445.1  461.4  478.3  495.8  Scan Up Time(s)  Retrace Time(s)  Down Scan First
Scans Per Sample  Impactor Type(cm)  Sheath Flow(lpm)  Aerosol Flow(lpm)  CPC Inlet Flow(lpm) CPC Sample Flow(lpm)  Low Voltage  High Voltage  Lower Size(nm)  Upper Size(nm)  Density(g/cc)  Title  Status Flag   td
(s)  tf(s)  D50(nm)  Median(nm)  Mean(nm)  Geo. Mean(nm)  Mode(nm)  Geo. Std. Dev.  Total Conc (#/cm²)  Comment
1    03/31/22 10:20:00                                                                53.5251  103.56  94.2181  68.8737  141.873  221.825  88.5944  124.636  275.58  226.792  283.202  285.223  271.654  324.344  282.876  355.582  409.441  389.108
328.712  440.298  471.196  440.309  569.015  613.993  719.584  743.307  928.014  853.11  1124.75  1264.63  1325.66  1333.39  1508.01  1512.05  1397.17  1512.97  1506.84
1568.18  1391.14  1341.19  1449.65  1376.96  1321.97  1371.61  1401.63  1462.64  1376.95  1415.68  1383.12  1454.52  1530.51  1431.58  1586.89  1650.58
1658.08  1737.71  1679.93  1702.48  1558.72  1583.44  1632.37  1607.25  1441.14  1574.57  1361.73  1332.87  1313.96  1252.56  1025.49  1184.06  1047.28  1008.72  797.653  637.58  642.835  641.099  499.711  440.886  398.871  314.426
283.643  236.271  199.965  162.021  147.99  102.632  117.443  126.37  68.1641  50.7083  71.116  65.4548  35.2475  280   15    FALSE    None   1.2                          10.0238  9591.81  10        504.807  1.2
Normal Scan           1.129   4.13645  1000    79.7473  101.991  76.9427  130.975  2.18058  1556.88
2    03/31/22 10:25:00                                                                91.2821  124.272  56.5308  86.0922  94.5819  187.953  226.238  175.856  216.432  192.69  283.786  347.556  366.272  366.4    275.181  383.799  317.662  412.29
372.595  408.687  456.044  605.79  591.699  632.732  723.117  798.113  846.094  837.735  875.772  986.602  1119.97  1024.3  1172.06  1204.14  1328.12  1259.19  1504.05  1320.02  1364.05  1320.41  1321.46  1386.62
1307.51  1359.7  1387.69  1304.76  1440.22  1331.7  1288.08  1332.8  1308    1342.06  1379.06  1275.03  1169.72  1302.03  1401.49  1442.33  1332.47  1262.54  1439.62  1453.05  1440.24  1465.28  1466.93  1553.43  1543.47
1506.26  1668.41  1583.07  1670.48  1512.74  1557.93  1598.51  1499.16  1442.7  1474.11  1496.81  1498.16  900.252  846.933  667.423  957.423  661.51  574.08  570.212  482.452  417.872  345.093  317.57
335.246  215.806  223.041  192.929  98.9104  140.178  109.328  53.6458  60.5428  52.7649  40.3978  31.7136  280   15    FALSE    1    None   1.2                          10.0238  9591.81  10        504.807  1.2
Normal Scan           1.129   4.13645  1000    79.5312  101.476  76.2943  140.746  2.19337  1482.7
3    03/31/22 10:30:00                                                                205.385  452.044  244.967  103.311  85.6543  109.393  133.081  137.099  137.593  188.071  319.525  218.671  278.876  283.905  322.461  363.134  366.706  404.643
377.075  435.808  428.639  516.139  560.988  551.383  603.3   809.292  751.561  898.294  935.717  919.438  1043.42  960.297  1047.46  1205.73  1344.22  1433.58  1414.9  1500.05  1425.3  1397.17  1580.94  1321.52
1430.99  1495.03  1430.62  1464.04  1378.3  1351.06  1383.68  1299.43  1330.81  1312.34  1291.85  1278.99  1359.17  1360.13  1353.34  1334.63  1362.63  1567.52  1378.35  1541.29  1463.11  1417.04  1484.02  1538.1  1464.36
1529.09  1657.06  1554.45  1570.9  1557.45  1598.51  1569.03  1453.34  1305.01  1407.01  1260    1172.25  1096.33  1060.17  968.633  912.23  867.423  769.529  612.527  576.769  504.496  400.046  363.52  385.558  282.003
249.605  215.766  136.113  164.002  116.907  121.515  86.4649  88.6832  73.1136  67.0066  59.3605  53.5082  24.2567  280   15    FALSE    1    None   1.2                          10.0238  9591.81  10        504.807  1.2
Normal Scan           1.129   4.13645  1000    77.7791  99.6295  75.3405  130.975  2.17078  1500.86
```

图 10-1　SMPS 文件导出的数据格式

上述文件每行的意义如下：第 1 行（Sample File）是文件保存的原始位置和原始格式；第 2 和 3 行（Classifier Model 和 DMA Model）是使用的控制台和 DMA 的型号；第 4~6 行是 DMA 的内径、外径和长度；第 7 行（CPC Model）是使用的 CPC 型号；第 8~11 行分别是样气的黏度、平均自由程、样气温度和大气压；第 9 行（Channels）是采样通道数，采样通道数越多意味着区分颗粒物粒径的间隔越小；第 10~12 行分别是是否开启多电荷校正、小粒子迁移校正和损失校正，多电荷校正默认开启，损失校正会在后面的数据处理中手动进行；第 13 和 14 行分别是计数单位和类型。

从第 15 行开始，是记录数据的表头，解释了从这一行往后的数据点每一列的含义。第 1 列是采样编号（从 1 开始）；第 2 列是采样开始的日期（格式为 MM/dd/yy）；第 3 列是采样开始的时间（格式为 HH：mm：ss）；第 4~8 列分别是样气的温度、气压、平均自由程、黏度和中值粒径；从第 5 列开始的数字对应的是颗粒物的粒径，也就是需要记录的 PNSD 数据；从 Scan Up 一列开始，后面的列都不需要记录，可跳转到下一行。

综上所述，SMPS 文件的读取可拆解为以下几步：① 判断 Classifier 类型，即型号是 3080 还是 3082，不同型号输出的数据可能存在差异；② 找到 Sample# 的一行，也就是后面所有数据的标题行，提取出测量的颗粒物粒径 Dp；③ 定位数据结束的位置，即每一行共包含多少个数据。接下来以 3080 型 Classifier 输出的数据为例，讲解 SMPS 文件读取程序设计的过程，示例文件详见 example10_1.txt。

```
clear
maindir=uigetdir ();
cd maindir % 切换数据文件存储的文件夹
filename='…\ example10_1.txt ';% 输入文件名
fid=fopen (filename, 'r');% 打开保存的 txt 文件
```

对于一个 .txt 文件，需要依次对每行进行扫描，直到找到需要的信息为止。根据上面 SMPS 文件读取的步骤拆解，第一步应该是先找到判断 Classifier 类型的行。这一行的标志为：前 10 个字符为"Classifier"，因此需要依次每行读取前 10 个字符，直到找到字符匹配的那一行。

```
while 1
    tline=fgetl (fid);
    if strcmp (tline (1：10), 'Classifier')% 定位关
        键词'Classifier'
            break
    end
end
```

```
while 1
    tline=fgetl (fid);
    if strcmp (tline (1: 8), 'Multiple')% 判断是
        否应用了多电荷校正
        if strcmp (tline (end-3: end), 'TRUE')%
            如果应用了多电荷校正, 则跳出循环
            break;
        else
            input (filename);
            break
        end
    end
end
```

根据步骤拆解, 第 2 步需要定位标题行, 并且读取出对应的颗粒物粒径 Dp。这一行的特点是以"Sample #"这一关键词开头, 因此需要先找到开头的第 1~8 个字符为"Sample #"的行。

```
while 1
    tline=fgetl (fid);% 循环读取行, 直到定位到前 8 个
        字符为'Sample #'的行
    if strcmp (tline (1: 8), 'Sample #')
        break;
    end
end
```

上述程序运行后, 即可得到标题行的全部内容。接下来, 需要将这一行的内容进行简化, 只记录颗粒物粒径 Dp 对应的部分。首先, 可以先定位到颗粒物粒径结束的位置, 关键词为"Scan"。

```
for i=1: length (tline)
    rline (i)=tline (i);% 循环读取上面得到的标题行的
```

　　每一列，直到定位到关键词'Scan'

```
if strcmp (tline (i: i+3), 'Scan')
    break
end
end
```

　　上述程序运行后，标题行剩余的字符是从"Sample #"开始，到关键词"Scan"位置的所有字符。下面，需要将这一行再进行简化，只保留颗粒物粒径 Dp。可以看出，第一个 Dp 前面的字符是"Midpoint"，因此只要定位到"Midpoint"在这一行中的位置即可。

```
len=length (rline);
for i=1: len
    if strcmp (rline (i: i+7), 'Midpoint')
        break
    end
end
tline=rline (i+10: len);
ind=strfind (tline, '');% 定位换行符的位置，每一个换行
    符分隔了一个 Dp
ind= [0 ind];
for i=1: size (ind, 2) -1
    Dp (1, i) = str2num (tline (ind (i) +1: ind (i
        +1) -1) );% 将字符转换为数值，即为 Dp
end
```

　　记录下 Dp 后，就可以进行第 3 步，将后面每一行的 PNSD 与 Dp 进行一一对应。因此，需要继续对文件进行逐行扫描，直到文件结束（即出现末尾符）。通过观察图 10-1 中的数据格式可以发现，当出现"FALSE"这个关键词时，这一行的数据一定已经记录结束了。而不使用"FALSE"前面的"280"或"15"两个关键词的原因是，有可能测量的某个数据前

三个字符也是 280，或前两个字符也是 15，这会造成该行数据未被正确读取。

```
% 记录 PNSD
PNSD = [];
while 1
    tline = fgetl (fid);% 读取下一行的内容，并删除换
        行符
    if tline = = -1% 当出现文件末尾符时，表明文件读取结
        束，不再读取
        break
    end
    rline='';
    for i=1: length (tline)
        rline (i) = tline (i);
        if strcmp (tline (i: i+4), 'FALSE')% 当出现
            关键词'FALSE'时，表明这一行的数据记录已经结束，
            后面的字符可以不再进行读取了
            break
        end
    end
    ind1 = strfind (rline, '');% 定位换行符的位置，每一
        个换行符分隔了一个 dN/dlogDp
    ind1 = [0 ind1];
    for j=9: size (ind1, 2) -3
        PNSDnew (1, j-8) = str2num (rline (ind1
            (j) +1: ind1 (j+1) -1) );% 将字符转换为数值
    end
    timeind1 = strfind (rline, '/');% 找到分割年月日的
        标识符
```

```
timeind2 = strfind (rline, ':');% 找到分割时分秒的
    标识符
year = 2000 + str2num (rline (timeind1 (2) +1:
    timeind1 (2) +2) );
month = str2num (rline (timeind1 (1) -2: time-
    ind1 (1) -1) );
day = str2num (rline (timeind1 (1) +1: time-
    ind1 (2) -1) );
hour = str2num (rline (ind1 (3) +1: timeind2
    (1) -1) );
min = str2num (rline (timeind2 (1) +1: time-
    ind2 (2) -1) );
sec = 0;
 time = datenum (year, month, day, hour, min,
    sec);% 记录这一行数据对应的时间
PNSD = [PNSD; time PNSDnew];% 合并数据
end
etime = PNSD (:, 1) -693 960;% 转换为 Excel 时间
PNSD (:, 1) = etime;
xlswrite ('example10_1.xlsx', PNSD);% 保存数据
```

10.2　SMPS 的管路损失校正

在实际外场观测中，SMPS 与采样口通常有较远的距离，不同粒径的颗粒物在这段管路中的损失情况不同。因此，在得到原始数据后，还需要进行管路损失校正，才能得到最准确的颗粒物粒径谱分布信息。对于一根直径为 Ds（cm）、长度为 L（cm）的不锈钢管，管路中样气的总流量为 U，直径为 Dp（μm）的颗粒物的管路损失按照公式（10-1）

计算:

$$P = \begin{cases} a \times \exp(\alpha \times \mu) + b \times \exp(\beta \times \mu) + c \times \exp(\gamma \times \mu) \\ \quad + d \times \exp(\delta \times \mu)(\mu > 0.02) \\ 1 - e \times \mu^{\frac{2}{3}} + 1.2 \times k + f \times \mu^{\frac{4}{3}}(\mu \leq 0.02) \end{cases} \quad (10\text{-}1)$$

在公式 (10-1) 中, 字母 $a \sim f$ 和 α、β、γ、δ 都是常数, 具体数值见表 10-1; μ 和 k 是不同条件下的无量纲扩散参数, 其计算方法如下:

$$k = \frac{D \times L}{U} \quad (10\text{-}2)$$

$$\mu = \pi \times k \quad (10\text{-}3)$$

在公式 (10-2) 中, D 为扩散参数, 按照公式 (10-4) 计算:

$$D = \frac{1.38 \times 10^{-16} \times T \times V_{\mathrm{T}}}{\pi \times V_{\mathrm{S}} \times Dp \times 0.0003} \quad (10\text{-}4)$$

在公式 (10-4) 中, T 表示温度 (K), V_{T} 表示滑动校正系数, V_{S} 为颗粒物黏度, V_{T} 和 V_{S} 分别按照公式 (10-5) 和 (10-6) 进行计算, 其中 P_{re} 是气压:

$$V_{\mathrm{T}} = 1 + \frac{2}{P_{re} \times D_p \times 0.752} \\ \times (6.32 + 2.01 \times \exp(-0.1095 \times P_{re} \times 0.752 \times D_p)) \quad (10\text{-}5)$$

$$V_{\mathrm{S}} = 1.708 \times 10^{-4} \times (T/273.15)^{1.5} \times \frac{393.396}{T + 120.246} \quad (10\text{-}6)$$

表 10-1 为计算管路损失 P 时需要的常数列表。

表 10-1 管路损失计算常数表

常 数	数 值	常 数	数 值
a	0.8195	b	0.09753
c	0.0325	d	0.01544
e	2.5638	f	0.1767
α	-3.6568	β	-22.305
γ	-56.691	δ	-107.62

在整个采样管路中, 管径相同的管路可以视作同一段管路, 将长度相加; 管径不同的管路, 则应该对每一种管径分别进行计算, 将计算出的每

个管径对应的校正系数相乘。假设在文件 example10_1. txt 中，观测时的管路设计如表 10-2 所示，试对 SMPS 文件进行管路校正。

表 10-2　SMPS 观测管路设计

管路编号	管路描述	长度及尺寸*	流量/（L/min）
A	切割头-Y 型管#1	5.45 m，3/8 in	2.15
B	Y 型管#1-干燥管	0.8 m，3/4 in	1.0
C	干燥管-DMA	0.62 m，3/4 in	1.0
D	DMA 内部	7.1 m，3/4 in	1.0
E	DMA-CPC	0.25 m，3/4 in	1.0

* 1 in = 0.0254 m。

观察公式（10-1）至公式（10-6），可以看出校正管路损失的过程中，已知量是管径 Ds、管路长度 L、温度 T、压力 P_{re}、流量 U，粒径 Dp。因此要先计算全部由已知量组成的滑动校正系数 V_T 和黏度 V_S；然后根据 V_T 和 V_S 计算扩散参数 D，将 D 代入公式（10-2）计算 k，再代入 k 计算公式（10-3）中的 μ；最后，根据得到的 μ 值判断校正系数 P 的计算方法。在观测过程中，进入 SMPS 的样气气压为 101.3 kPa，温度均为 25 ℃。根据上述分析，程序设计如下：

```
clear
[A B] =xlsread ('…\ example10_1.xlsx');
Dp =A (1,:) '/1000;% 读入 Dp，并转换为微米，方便后续计算
% 读入常数
a =0.8195;
b =0.09753;
c =0.0325;
d =0.01544;
e =2.5638;
f =0.1767;
alpha =-3.6568;
beta =-22.305;
```

```
gamma = -56.691;
delta = -107.62;
% 对于 3/8 英寸的部分，L = 545cm，U = 2.15Lpm；3/4 英寸的
  部分，L = 877cm，U = 1.0Lpm，分别计算管路 U
U1 = 2.15 * 1000/60;
U2 = 1 * 1000/60;
% 计算分粒径 VT 和 VS
for i = 1: size (Dp, 1)
    VT (i, 1) = (2/(101.3.*Dp (i, 1) *0.752))
      * (6.32 + 2.01 * exp (-0.1095 * 101.3 * 0.752 *
      Dp (i, 1))) +1;% 计算 VT
    VS (i, 1) = 1.708 * 10^(-4) * (298.15/273.15) ^
      1.5 * (393.396/(293.15 + 120.246));% 计算 VS
end
% 计算分粒径扩散参数 D
D = (1.38 * 10^(-16) * 298.15.*VT) ./(pi.*VS.*
  Dp * 0.0003);
% 计算无尺寸扩散参数
k1 = (D.*545) ./U1;
k2 = (D.*877) ./U2;
miu1 = pi.*k1;
miu2 = pi.*k2;
% 计算管路损失校正系数 P
P = [];
for i = 1: size (Dp, 1)
    if miu1 (i, 1) >0.02
P (i, 1) = a * exp (alpha.*miu1 (i, 1)) +b * exp
  (beta.*miu1 (i, 1)) +c * exp (gamma.*miu1 (i,
  1)) +d * exp (delta.*miu1 (i, 1));
```

```
P (i, 2) = a * exp (alpha. * miu2 (i, 1) ) +b * exp
   (beta. * miu2 (i, 1) ) +c * exp (gamma. * miu2 (i,
   1) ) +d * exp (delta. * miu2 (i, 1) );
      else
         P (i, 1) = 1-e. * miu1 (i, 1) ^ (2∕3) +1.2. *
            k1 (i, 1) +f. * miu1 (i, 1) ^ (4∕3);
         P (i, 2) = 1-e. * miu2 (i, 1) ^ (2∕3) +1.2. *
            k2 (i, 1) +f. * miu2 (i, 1) ^ (4∕3);
      end
end
P_final = P (:, 1) . * P (:, 2);% 将不同粒径的 P 相乘, 得
   到最终的校正系数
% 根据校正系数, 进行管路损失校正
PNSD = A (2: end,:);
for i = 1: size (PNSD, 1)
   for j = 1: size (PNSD, 2)
      PNSD_new (i, j) = PNSD (i, j) . ∕P_final (j,
         1);% 将 PNSD 的数据除以校正系数
   end
end
time = datenum ( datevec ( B ( 2:end,1 ) ) ) -693960;% 转换
   时间
time = [NaN; time];% 将时间矩阵的维度与数据统一
data = [Dp' * 1000; PNSD_new];
final = [time data];% 将时间、Dp 与校正后的 PNSD 组合,
   写入 Excel 文件
xlswrite ('…∖ example10_2.xlsx', final);% 保存数据
```

10.3　SMPS 数据分析与可视化

在 10.2 节中，已经将 SMPS 获得的原始数据进行了导出和校正，得到了校正后的颗粒物粒径谱分布信息。SMPS 测量的信息是 $\mathrm{d}N/\mathrm{dlog}Dp$，假设颗粒物是球体，则可以按照公式（10-7）~公式（10-10）进一步计算并得到下面的信息：

（1）颗粒物的体积浓度谱分布（PV）

$$N_i = (\,\mathrm{d}N/\mathrm{dlog}Dp_i\,) \times (\,\log Dp_i - \log Dp_{i-1}\,) \tag{10-7}$$

$$PV = \sum_i \frac{4}{3}\pi \times \left(\frac{1}{2}Dp_i\right)^3 \times N_i \tag{10-8}$$

（2）颗粒物的质量浓度谱分布（PM）

$$PM = \rho \times PV \tag{10-9}$$

（3）颗粒物的表面积谱分布（PS）

$$PS = \sum_i \pi \times Dp_i^2 \times N_i \tag{10-10}$$

根据 10.2 节中校正过的颗粒物粒径谱分布信息，分别画出颗粒物粒径谱分布、颗粒物质量浓度谱分布、颗粒物表面积谱分布的时间序列，并在颗粒物粒径谱分布图时间序列的右轴上叠加计算出的 $\mathrm{PM}_{0.5}$ 的时间序列。

```
clear
% 读入数据
[A B] =xlsread ('…\ example10_2.xlsx');
Dp = A (1,:);% 读取 Dp
tt =datevec (B (2: end, 1) );% 读取时间，转换为时间
    矩阵
PNSD =A (2: end,:);% 读取 PNSD
lgDp =log10 (Dp);
dlogDp =diff (lgDp);% 计算 dlogDp
```

```
dlogDp = [dlogDp dlogDp (1, end) ];%统一矩阵维度
for i = 1: length (dlogDp)
    PN (:, i) = PNSD (:, i) . * dlogDp (1, i);% 将
        dN /dlogDp 转换为 PN
    PV (:, i) = PN (:, i) * (4 /3) * pi * (Dp (1,
        i) /2) ^3;% 计算 PV
    PM (:, i) = PV (:, i) *1.5 *10 ^ (-9);% 假设密度
        为1.5, 计算 PM
    PS (:, i) = pi * Dp (:, i) ^2. * PN (:, i);% 计
        算 PS
end
PM0_5 = sum (PM, 2);
% 绘制颗粒物数浓度谱分布, 并叠加 PM₀.₅ 的时间序列
fig = figure;
x = datenum (tt);
y = log10 (Dp)';% 将 y 轴表示为 log 形式
z = log10 (PNSD)';% 将 z 轴表示为 log 形式
z (z <= -inf) = 1;
left_color = [0 0 0];
right_color = [0 0 0];
set (fig, 'defaultAxesColorOrder', [left_color;
    right_color] );
yyaxis left% 激活左轴
[C, h] = contourf (x, y, z, 'LineStyle', 'none',
    'LevelList', …
    [1: 0.01: 6] );% 使用等高线图绘制谱分布
ylabel ('Dp [nm]', 'FontName', 'Times New Roman',
    'FontSize', 16);% 调整左轴表现形式
ax = gca;
```

```
ax.YTick = [log10（10）log10（20）log10（50）
    log10（100）log10（200）log10（300）log10
    （400）log10（500）];%设置左轴坐标
ax.YTickLabel = {'10''20''50''100''200''300''400'
    '500'};
ax.FontName ='Times New Roman';
ax.FontSize =16;
ax.FontWeight ='Bold';
ax.Position = [0.067, 0.1145, 0.775, 0.815];
caxis（[1 5]）;
colormap（jet）;
cb =colorbar;
cb.Position = [0.9005, 0.1037, 0.0215, 0.8391];
cb.Ticks = [1: 5];
cb.TickLabels = {'10^1', '10^2', '10^3', '10^4', '10^5'};
cb.Label.String ='dN/dlogDp（#/cm^3）';
cb.FontSize =14;
datetick（'x', 'mm/dd HH: MM'）;%将x轴调整为日期显示
ax.XLim = [datenum（[2022, 3, 31, 0, 0, 0]）date-
    num（[2022, 4, 8, 0, 0, 0]）];%设置x轴坐标
ax.XTick = [datenum（[2022, 3, 31, 0, 0, 0]）: 1:
    datenum（[2022, 4, 8, 0, 0, 0]）];
ax.XTickLabel = {'2022/3/31''2022/4/1''2022/4/2'
    '2022/4/3''2022/4/4''2022/4/5''2022/4/6''2022/4/7'
    '2022/4/8'};
ax.XGrid =true;
hold on
yyaxis right% 激活右轴
y2 =PM0_5';
```

```
plot (x, y2, 'LineWidth', 3, 'Color', 'k');
ylabel (' PM _ 0 _ . _ 5 (μg∕m ^3 )', ' FontSize ', 16,
  'FontName', 'Times New Roman');
set (gca, 'YLim', [0 40], 'YTick', [0: 5: 40] );
```

绘制的颗粒物粒径谱分布及 $PM_{0.5}$ 的时间序列如图 10-2（彩插图 10-2）所示。

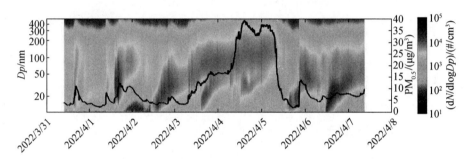

图 10-2　颗粒物粒径谱分布及 $PM_{0.5}$ 质量浓度时间序列

```
% 绘制颗粒物质量浓度谱分布
fig = figure;
x = datenum (tt);
y = log10 (Dp)';% 将 y 轴表示为 log 形式
z = log10 (PM)';% 将 z 轴表示为 log 形式
z (z <= -inf) = 1;
[C, h] = contourf (x, y, z, ' LineStyle', ' none',
  'LevelList', [-6: 0.01: 0.3] );% 使用等高线图绘制谱
  分布
ylabel (' Dp [nm]', 'FontName', ' Times New Roman',
  'FontSize', 16);% 调整左轴表现形式
ax = gca;
ax.YTick = [log10 (4) log10 (20) log10 (50) log10
  (100) log10 (200) log10 (300) log10 (400) log10
  (500) ];% 设置左轴坐标
```

```
ax.YTickLabel = {'4''20''50''100''200''300''400'
    '500'};
ax.FontName ='Times New Roman';
ax.FontSize =16;
ax.FontWeight ='Bold';
caxis ([-6 0.3]);
cb =colorbar;
cb.Position = [0.9138, 0.1362, 0.0173, 0.7784];
cb.Ticks = [-6: 2: 0];
cb.TickLabels = {'10^-^6', '10^-^4', '10^-^2', '10^-^1',
    '1'};
cb.FontName ='黑体';
cb.FontSize =12;
cb.Label.String ='颗粒物质量（μg／m^3）';
datetick ('x', 'mm／dd HH: MM');% 将 x 轴调整为日期显示
ax.XLim = [datenum ([2022, 3, 31, 0, 0, 0]) date-
    num ([2022, 4, 8, 0, 0, 0])];% 设置 x 轴坐标
ax.XTick = [datenum ([2022, 3, 31, 0, 0, 0]): 1:
    datenum ([2022, 4, 8, 0, 0, 0])];
ax.XTickLabel = {'2022／3／31''2022／4／1''2022／4／2'
    '2022／4／3''2022／4／4''2022／4／5''2022／4／6''2022／4／7'
    '2022／4／8'};
ax.XGrid =true;
colormap (jet);
```

绘制的颗粒物质量浓度谱分布如图 10-3（彩插图 10-3）所示。

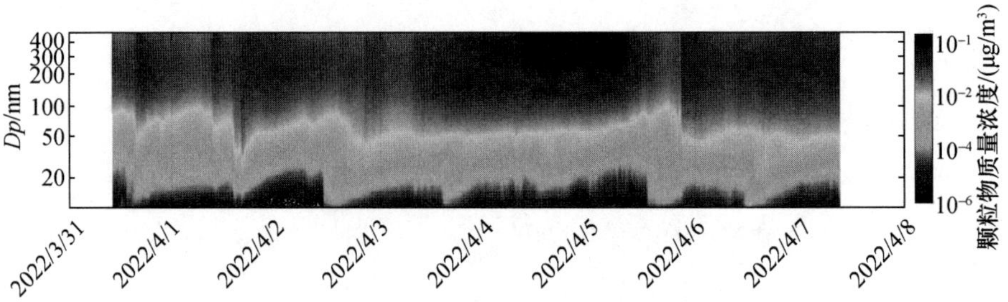

图 10-3 颗粒物质量浓度谱分布

```
% 绘制颗粒物表面积谱分布
    fig=figure;
    x=datenum (tt);
    y=log10 (Dp)';% 将 y 轴表示为 log 形式
    z=log10 (PS)';% 将 z 轴表示为 log 形式
    z (z <= -inf) =1;
    [C, h] = contourf (x, y, z, 'LineStyle', 'none',
      'LevelList', [1: 0.01: 7.6] );% 使用等高线图绘制谱
      分布
    ylabel ('Dp [nm]', 'FontName', 'Times New Roman',
      'FontSize', 16);% 调整左轴表现形式
    ax=gca;
    ax.YTick= [log10 (4) log10 (20) log10 (50) log10
      (100) log10 (200) log10 (300) log10 (400) log10
      (500) ];% 设置左轴坐标
    ax.YTickLabel= {'4''20''50''100''200''300''400'
      '500'};
    ax.FontName='Times New Roman';
    ax.FontWeight='Bold';
    ax.FontSize=16;
    ax.Position= [0.0816, 0.1434, 0.8236, 0.7851];
    caxis ( [1 7.6] );
```

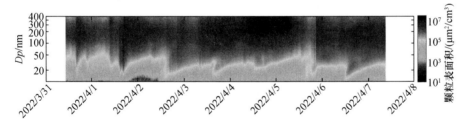

```
cb=colorbar;
cb.Position=[0.9138, 0.1362, 0.0204, 0.8044];
cb.Ticks=[1: 2: 8];
cb.TickLabels={'10^1', '10^3', '10^5', '10^7'};
cb.FontName='黑体';
cb.FontSize=12;
cb.Label.String='颗粒物表面积（μm^2/cm^3）';
datetick ('x', 'mm/dd HH: MM');% 将 x 轴调整为日期显示
ax.XLim=[datenum ([2022, 3, 31, 0, 0, 0]) date-
    num ([2022, 4, 8, 0, 0, 0])];% 设置 x 轴坐标
ax.XTick=[datenum ([2022, 3, 31, 0, 0, 0]): 1:
    datenum ([2022, 4, 8, 0, 0, 0])];
ax.XTickLabel={'2022/3/31''2022/4/1''2022/4/2'
    '2022/4/3''2022/4/4''2022/4/5''2022/4/6''2022/4/7'
    '2022/4/8'};
ax.XGrid=true;
colormap (jet);
```

绘制的颗粒物表面积谱分布如图 10-4（彩插图 10-4）所示。

图 10-4　颗粒物表面积谱分布

第 11 章　机器学习与图像识别

在第一部分的第 6 章中，以神经网络为例简单讲解了在 MATLAB 中如何建立机器学习模型并使用建立的模型进行预测。本章将从一个实际应用出发，讲解一个理想的机器学习模型的建立、验证、应用的过程。此外，作为人工智能中的重要应用，图像识别也可以在 MATLAB 中实现。本章将以冷台技术测定冰核活性为例，讲解图像识别中的灰度识别法在 MATLAB 中应用。

11.1　机器学习模型的建立、验证与应用

11.1.1　问题提出与数据处理

作为大气颗粒物重要的性质之一，颗粒物表面积是影响大气非均相反应、气溶胶吸光性质以及气溶胶健康效应的重要因素。颗粒物表面积可以根据其粒径谱分布进行计算，计算方法详见本书第 4 章的实战案例 4-2。由于缺乏大空间、长时间尺度的观测数据，可以通过某些点位的观测数据建立机器学习模型进行预测。考虑到颗粒物的质量浓度是影响颗粒物表面积最直接的因素，颗粒物的质量浓度与其他污染物浓度以及气象因素有关；因此选择的自变量包括：温度、露点温度、$PM_{2.5}$、SO_2、NO_2、CO、O_3。其中，温度和露点温度的数据获取自 NCDC（详见第 8 章），颗粒物和气体污染物质量浓度获取自中国环境监测总站官网（详见第 9 章），全国主要城市的经纬度和海拔见文件"站点信息.xlsx"。现在有某观测站 2016 年全年的颗粒物粒径谱分布信息，要求建立一个机器学习模型，估算全国主要

城市 2016 年的颗粒物表面积的时空分布情况。需要用到的文件见文件夹 example11_1，子文件夹"常规"为全国主要城市常规污染物浓度原始数据，"气象"为全国气象站点原始气象数据，"某站点观测数据"为某观测站一年的常规污染物浓度、气象要素和颗粒物粒径谱分布数据。

① 分析上述要求，首先判断需要建模的类型，属于回归问题。

② 然后按照自变量的类型进行分类，包括气象数据中的温度和露点温度，常规污染物浓度中的 $PM_{2.5}$、SO_2、NO_2、CO、O_3，以及地理位置中的经纬度。

③ 最后是选择合适的模型，可以选择后向神经网络（BPNN）、随机森林（RF）、过程回归（PR）等；由于本次需要进行估算的数据时间、空间尺度较大，因此最合适的模型为 RF。

（1）首先需要将所有站点的气象数据与常规污染物数据进行对应

由于气象数据的时间分辨率为 1 天，常规污染物的时间分辨率为 1 小时，因此需要将时间分辨率统一为 1 天。在子文件夹"常规"中，已使用 Windows 批处理文件将每日数据合并到 new.csv 文件。文件"country_head.xlsx"是头文件，即对应的列标题。

```
% 将每个城市的数据转换为日均值
clear
close all
maindir=uigetdir ();
cd (maindir)
mkdir '各城市数据'
[index cityname] =xlsread ('…\ example11_1 \ coun-
    try_head.xlsx');
A=readmatrix ('new.csv');
for m=1: 370
    dif=diff (A (:, 2) );
    ind=find (dif ~=0);
    ind= [0; ind];
```

```matlab
for i=1: size (ind, 1)
    if i~=size (ind, 1)
        data=A (ind (i) +1: ind (i+1), m+3);
    else
        data=A (ind (i) +1: end, m+3);
    end
    if length (data) ==15
        time (i,:) =A (ind (i) +1, [1 2] );
        PM25 (i, 1) =data (2,:);
        PM10 (i, 1) =data (4,:);
        SO2 (i, 1) =data (6,:);
        NO2 (i, 1) =data (8,:);
        O3 (i, 1) =data (10,:);
        DA8 (i, 1) =data (12,:);
        CO (i, 1) =data (14,:) .*1000;
    else
        time (i,:) =A (ind (i) +1, [1 2] );
        PM25 (i, 1) =NaN;
        PM10 (i, 1) =NaN;
        SO2 (i, 1) =NaN;
        NO2 (i, 1) =NaN;
        O3 (i, 1) =NaN;
        DA8 (i, 1) =NaN;
        CO (i, 1) =NaN;
    end
end
write_data= [PM25 PM10 SO2 NO2 O3 DA8 CO];
head = {'date''hour''city''PM25''PM10''SO2'
    'NO2''O3''O3_8h''CO'};
```

```matlab
    finaldata = num2cell (write_data);
    finaltime = num2cell (time);
    data_write = [finaltime finaldata];
    final = [data_write];
    filename = strcat (maindir, ' \ 各城市数据 \',
        cityname (m, 1), '.csv');
    filename = filename {1};
    writecell (final, filename);
    write_data = [];
end
cd 各城市数据
RawFile = dir ('* * /* .csv'); % 提取所有 csv 文件
AllFile = RawFile ( [RawFile.isdir] = = 0);
if isempty (fieldnames (AllFile) )
    fprintf ('There are no files in this folder! \n');
else%  当前文件夹下有文件, 反馈文件数量
    fprintf ('Number of Files: % i \n', size (All-
        File, 1) );
end
n = length (AllFile);
fileNames = {AllFile.name} ';
for i = 1: n
    filename = fileNames (i, 1);
    A = xlsread (filename {1} );
    dif = diff (A (:, 1) );
    ind = find (dif ~ = 0);
    ind = [0; ind];
    for j = 1: size (A, 1)
        tt = num2str (A (j, 1) );
```

```
        year (j, 1) = str2num (tt (1: 4) );
        month (j, 1) = str2num (tt (5: 6) );
        day (j, 1) = str2num (tt (7: 8) );
    end
    clear j
    for k = 1: size (ind, 1)
        if size (A, 2) >3
            if k ~ = size (ind, 1)
                data = A (ind (k) +1: ind (k+1), 4:
                  end);
            else
                data = A (ind (k) +1: end, 4: end);
            end
            date (k,:) = [year (ind (k) +1) month
              (ind (k) +1) day (ind (k) +1) hour
              (ind (k) +1) ];
            MDA8 (k,:) = max (data (:, end-1) );
            avg (k,:) = mean (data, 'omitnan');
        else
            date (k,:) = [year (ind (k) +1) month
              (ind (k) +1) day (ind (k) +1) hour
              (ind (k) +1) ];
            MDA8 (k,:) = NaN;
            avg (k,:) = ones (1, 6) . * NaN;
        end
    end
    if size (A, 2) >3
    avg (:, size (data, 2) -1) = MDA8;
    end
```

```matlab
final = [date avg];
excelfilename = filename {1} (1: end-4);
name = strcat (excelfilename, '.xlsx');
xlswrite (name, final);
clear final avg data date
```
end

% 将气象数据保存为日均值

```matlab
clear
maindir = uigetdir ();% 用户选择文件夹
cd (maindir)% 设置选定的文件夹为当前活动文件夹
RawFile = dir ('* * ∕* . *');% 提取所有文件
AllFile = RawFile ( [RawFile.isdir] == 0);
if isempty (fieldnames (AllFile) )
    fprintf ('There are no files in this folder! \n');
else% 当前文件夹下有文件, 反馈文件数量
    fprintf ('Number of Files: % i \n', size (All-
        File, 1) );
end
n = length (AllFile);% 一共有多少个文件
fileNames = {AllFile.name} ';% 将文件名构成一个新的元
    胞数组
mkdir ('导出')% 保存到一个新文件夹
% 以下循环为读取文件
for i =1: n
    filename = fileNames {i};% 读取第 i 个文件的文件名
    data = load (filename);% 使用 load 直接加载数据
    data (data = = -9999) = NaN;% 将所有缺失数据格式统
        一为 NaN
    tt = data (:, [1: 4] );% 记录数据时间
```

```
            Tem=data (:, 5) ./10;% 保存温度为℃
            dp=data (:, 6) ./10;% 保存露点温度为℃
            Pres=data (:, 7);% 保存气压
            WD=data (:, 8);% 保存风向
            WS=data (:, 9) ./10;% 保存风速为 m/s
            met_data = [Tem dp Pres WD WS];
            final = [tt met_data];% 保存为时间与气象数据对应的
                格式
            xls_filename=strcat ('导出\', filename, '.xlsx');
             xlswrite (xls_filename, final);% 保存为 xlsx
                格式
    end
    cd 导出
    RawFile=dir ('**/*.xlsx');% 提取所有 xlsx 文件
    AllFile=RawFile ( [RawFile.isdir] ==0);
    if isempty (fieldnames (AllFile) )
        fprintf ('There are no files in this folder! \n');
    else% 当前文件夹下有文件，反馈文件数量
        fprintf ('Number of Files: % i \n', size (All-
            File, 1) );
    end
    n=length (AllFile);
    fileNames = {AllFile.name} ';% 将文件名构成一个新的元
        胞数组
    for i=1: n
        filename=fileNames {i};
         [A B] =xlsread (filename);
        try
            dif=diff (A (:, 3) );% 找到日期切换的点
```

```
    ind = find (dif ~ = 0);
    ind = [0; ind];% 判断切换日期的点
    for j = 1: size (ind, 1)
        if j ~ = size (ind, 1)% 根据情况分割每一天的
            数据
            daily_data = A (ind (j) +1: ind (j +
                1), [5: end] );
        else
            daily_data = A (ind (j) +1: end, [5:
                end] );
        end
        avg (j,:) = mean (daily_data, 'omitnan');%
            求日均值
        date (j,:) = A (ind (j) +1, [1: 4] );% 记
            录切换日期的时间点，作为平均值对应的时间
    end
    final_avg = [date avg];% 合并日期和数据
catch
    final_avg = ones (2000, 9) . * NaN;
end
xlswrite (filename, final_avg, 'avg_1d');% 写入
    打开的 Excel 表格中，工作表名为 avg_1d
end
```

（2）在进行模型搭建之前，需要先将观测数据的常规污染物浓度、气
象参数和颗粒物表面积信息进行匹配

下面的代码实现了这一功能。

```
clear
    % 计算颗粒物表面积
```

```matlab
[PNSD PNSDname] =xlsread ('···\ example11_1 \ 某站点观
    测数据 \ PNSD.xlsx', 1);
tt=datevec (PNSDname (2: end, 1) );
Dp = PNSD (1,:) ';
lgDp = log10 (Dp);
dlgDp = diff (lgDp);
dlogDp = [dlgDp; dlgDp (1) ];
PNSD = PNSD (2: end,:);
for i =1: size (PNSD, 2)
    PN (:, i) = PNSD (:, i) .* dlogDp (i);
    PS (:, i) = PN (:, i) * pi. * Dp (i, 1) ^2;
end
SA = sum (PS, 2, 'omitnan') . * 10^ (-6);
SA (SA = = 0) = NaN;
% 将时间分辨率转换为 1 小时
dif = diff (tt (:, 4) );
ind = find (dif ~ = 0);
ind = [0; ind];
for i =1: size (ind, 1)
    if i ~ = size (ind, 1)
        data = SA (ind (i) +1: ind (i+1),:);
    else
        data = SA (ind (i) +1: end,:);
    end
    avg (i,:) = mean (data, 'omitnan');
    time (i,:) = tt (ind (i) +1,:);
end
% 数据匹配
clearvars -except time avg
```

```
[A B] =xlsread ('…\ example11_1 \ 某站点观测数据 \ 常
    规 .xlsx', 1);
tt =datevec (B (2: end, 1) );
% 因为都是 2016 年的数据，所以年份不用筛选；同理，时间分
    辨率已统一为 1 小时，所以分、秒不用筛选
for i =1: size (A, 1)
    ind =find (tt (i, 2) = =time (:, 2) & tt (i, 3)
        = =time (:, 3) & tt (i, 4) = =time (:, 4) );
    data1 =A (ind,:);
    data2 =avg (ind,:);
    data (i,:) = [data1 data2];
end
xlswrite ('…\ example11 _1 \ 某站点观测数据 \ data-
    set.xlsx', data);
```

11.1.2 机器学习模型的建立、优化与验证

建立机器学习模型时，数据集的数据质量是模型效果的基础，因此首先需要对数据集进行清洗和筛选。在 MATLAB 中建立机器学习模型时，自变量和因变量的个数必须前后一致，自变量或因变量必须都是非空数值。因此需要对数据集进行清洗，处理含有 NaN 的数据点，其处理方法主要包括：① 直接将含有 NaN 的行删除，这种方法适用于数据量较大，剔除数据点不足以影响模型建立的情况；② 使用插值法将空缺的数值填充，这种方法适用于缺失数据较少，且不存在连续数值缺失的情况；③ 使用随机森林法反算缺失值，这种方法适用于缺失数据集中在某一个自变量的情况。对于本例中的情况，适合使用第①种方法，即直接删除含有空值的行，然后使用清洗过的数据集进行建模。

对于一个机器学习模型而言，在建立模型时不需要过度考虑超参数的选择，建议统一使用默认值，或在默认值的基础上做不超过 10% 的调整。验证了模型的可行性后，再根据模型的实际表现进行超参数的调整即可。

下面一段代码实现了数据集的清洗和随机森林模型的初步建立。

```matlab
clear; clc; close all
%% 将有空值的行进行删除
[X Xname] =xlsread ('…\ example11_1 \ 某站点观测数据
    \ dataset.xlsx');
a =1;
for i =1: size (X, 1)
    if isnan (X (i,:) ) = =0
        Xnew (a,:) = X (i,:);
        a =a+1;
    end
end
Y=Xnew (:, 1);
X=Xnew (:, 2: end);
isCategorical = [ zeros (15, 1); ones (size (X, 2)
    -15, 1) ]; % Categorical variable flag
%% 最优 leaf 选择
% 对于回归，一般规则是将叶子大小设置为 5。通过比较不同叶
    子数量 MSE 获得最佳叶子数量
leaf = [5 10 20 50 100 150 200 300];
col = {'r''b''c''m''y''k''g''#F7A898'};
figure
for i =1: length (leaf)
    b =TreeBagger (50, X, Y, 'Method', 'R', 'OOBPre-
        diction', 'On', …
            'CategoricalPredictors', find (isCategori-
                cal = = 1), …
            'MinLeafSize', leaf (i), 'FBoot', 0.1);
    plot (oobError (b), 'Color', str (col (i) ),
        'LineWidth', 2)
```

```
    hold on
end
lgd = legend ( {'5' '10' '20' '50' '100' '150' '200' '300'} );
lgd.Location = 'NorthEast';
lgd.FontName = 'Times New Roman';
lgd.FontSize = 16;
lgd.FontWeight = 'Bold';
lgd.Title.String = '叶子数';
lgd.Title.FontName = '黑体';
lgd.Title.FontSize = 12;
set (gca, 'XLim', [0 50], 'FontSize', 16, 'FontName',
  'Times New Roman', 'XGrid', 'on', 'FontWeight', 'Bold')
xlabel ('树数目', 'FontName', '黑体')
ylabel ('均方误差', 'FontName', '黑体')
hold off
```

模型输出的结果如图 11-1 所示。图中的纵轴代表平均平方误差 MSE，横轴是树的数量，每条线代表不同的叶子数量。MSE 越低，说明模型模拟的效果越好，结果越可信。

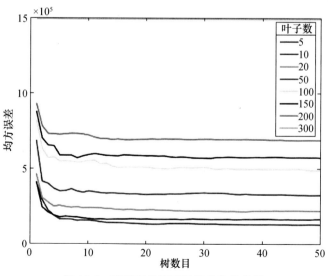

图 11-1　随机森林模型初步优化的结果

从图 11-1 中可以发现，当叶子的数量为 50 以上时，随着树的数量上升，MSE 出现了先迅速降低，然后缓慢升高的趋势。这说明选择的叶子数量过多时，出现了"过拟合"。这种情况出现时应考虑对模型进行适当的简化，可以降低学习率或减少树的数量。由于树的数量设置为 50，这个值本身就比较少，不宜再进行减少，因此选择降低学习率的方法进行优化，最终选择学习率为 0.025：

```
leaf = [5 10 20 50 100 150 200 300];
col = {'r''b''c''m''y''k''g''#F7A898'};
figure
for i = 1: length (leaf)
    b = TreeBagger (50, X, Y, 'Method', 'R', 'OOBPre-
        diction', 'On', …
        'CategoricalPredictors', find (isCategori-
        cal == 1), …
        'MinLeafSize', leaf (i), 'FBoot', 0.025);
    plot (oobError (b), 'Color', str (col (i) ),
        'LineWidth', 2)
    hold on
end
lgd = legend ( {'5''10''20''50''100''150''200''300'} );
lgd.Location = 'NorthEast';
lgd.FontName = 'Times New Roman';
lgd.FontSize = 16;
lgd.FontWeight = 'Bold';
lgd.Title.String = '叶子数';
lgd.Title.FontName = '黑体';
lgd.Title.FontSize = 12;
set (gca, 'XLim', [0 50], 'FontSize', 16, 'FontName',
    'Times New Roman', 'XGrid', 'on', 'FontWeight', 'Bold')
xlabel ('树数目', 'FontName', '黑体')
```

```
ylabel ('均方误差', 'FontName', '黑体')
hold off
```

此时不同数量的树的 MSE 曲线如图 11-2 所示。

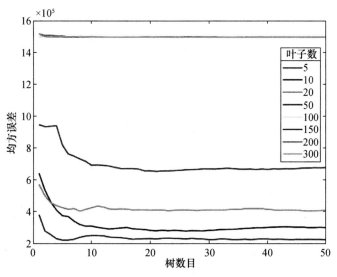

图 11-2　学习率为 0.025 时的 MSE 曲线

从图 11-2 中可以看出，当叶子的数量为 5 时，整体 MSE 较低；并且随着树的数量增加，MSE 仍然存在降低的趋势。因此，下一步选择叶子的数量为 5，增加树的数量到 100。

```
b=TreeBagger (100, X, Y, 'Method', 'R', 'OOBPredic-
torImportance', 'On', …
    'CategoricalPredictors', find (isCategorical =
      = 1), …
    'MinLeafSize', 5, 'FBoot', 0.025);
% 绘制误差曲线
figure
plot (oobError (b), 'k', 'LineWidth', 2)
set (gca, 'FontName', 'Times New Roman', 'FontSize',
  16, 'FontWeight', 'Bold', 'XLim', [0 100], 'XTick',
  [0: 10: 100], 'XGrid', 'on')
```

```
xlabel ('树数目', 'FontName', '黑体')
ylabel ('袋外均方误差', 'FontName', '黑体')
```

上述设置建立的随机森林模型，误差线如图 11-3 所示。可以看出，当树的数量高于 60 时，模型出现过拟合，因此最合适的树数量为 60。

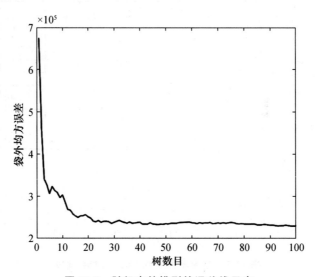

图 11-3　随机森林模型的误差线示意

随机森林模型可以给出自变量重要性的评价，也就是在这个模型中，某个变量数值的变化对模型预测结果的影响程度。这种重要性通常被称为"袋外重要性"，一般选择重要性得分在 0.6 以上的变量作为最终建立模型的自变量，下面的代码可以实现袋外重要性的评价：

```
%% 自变量重要性分析
% 自变量对 RF 模型贡献有大有小，RF 的预测能力依赖于贡献大
  的自变量。对于每个自变量，可以观察其重要性，进行取舍组
  合，并查看 MSE 是否有改善。
% OOBPermutedPredictorDeltaError 提供了每个自变量的
  重要性，值越大，变量越重要。
figure
bp = bar (b.OOBPermutedPredictorDeltaError, 0.8);
xtips1 = bp (1) .XEndPoints;
```

```
ytips1 = bp (1) .YEndPoints;
labels1 = string (bp (1) .YData);
text (xtips1, ytips1, labels1, 'HorizontalAlign-
    ment', 'center', …
        'VerticalAlignment', 'bottom', 'FontName', …
'Times New Roman', 'FontWeight', 'Bold', 'FontSize',
    14)
set (gca, 'FontName', 'Times New Roman', 'FontSize',
    16, 'FontWeight', 'Bold', 'XLim', [0 9], 'YLim', [0
    1.4], 'YTick', [0: 0.2: 1.4], 'YGrid', 'on')
set (gca, 'XTickLabel', {'CO', 'NO', 'NO_2', 'O_3',
    'SO_2', 'PM_2_._5', 'T', 'Dp'} )
xlabel ('变量名', 'FontName', '黑体')
ylabel ('袋外变量重要性', 'FontName', '黑体')
% 选择重要性大于 0.6 的变量
idxvar = find (b.OOBPermutedPredictorDeltaError >
    0.6)
idxCategorical = find (isCategorical (idxvar) = =
    1);
finbag = zeros (1, b.NTrees);
for t = 1: b.NTrees
    finbag (t) = sum (all ( ~ b.OOBIndices (:, 1:
        t), 2) );
end
finbag = finbag / size (X, 1);
figure
plot (finbag)
xlabel ('Number of Grown Trees')
ylabel ('Fraction of In-Bag Observations')
```

此时，各个变量的袋外重要性得分如图 11-4 所示，可以看出，变量 3

（对应为 NO_2）和 7（对应为温度）的重要性评分均低于 0.6，可以不纳入自变量。

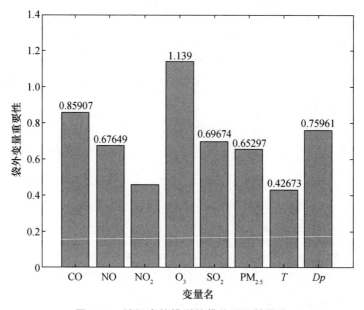

图 11-4　随机森林模型的袋外重要性得分

在确定自变量后，接下来使用优化后的超参数对模型重新进行训练：

```
b5v=TreeBagger (60, X (:, idxvar), Y, 'Method', 'R', …
    'OOBPredictorImportance', 'On', 'CategoricalPre-
        dictors', idxCategorical, …
    'MinLeafSize', 5, 'FBoot', 0.025);
figure
plot (oobError (b5v), 'k', 'LineWidth', 2)
set (gca, 'FontName', 'Times New Roman', 'FontSize',
    16, 'FontWeight', 'Bold', 'XLim', [0 60], 'XTick',
    [0：5：60], 'XGrid', 'on')
xlabel ('树数目', 'FontName', '黑体')
ylabel ('袋外均方误差', 'FontName', '黑体')
%%
figure
```

```
bp=bar (b5v.OOBPermutedPredictorDeltaError, 0.8)
xtips1=bp (1) .XEndPoints;
ytips1=bp (1) .YEndPoints;
labels1=string (bp (1) .YData);
text (xtips1, ytips1, labels1, 'HorizontalAlign-
ment', 'center', …
    'VerticalAlignment', 'bottom', 'FontName', …
    'Times New Roman', 'FontWeight', 'Bold', 'FontSize',
    14)
set (gca, 'FontName', 'Times New Roman', 'FontSize',
    16, 'FontWeight', 'Bold', 'XLim', [0 7], 'YLim', [0
    1.4], 'YTick', [0: 0.2: 1.4], 'YGrid', 'on')
set (gca, 'XTickLabel',  {'CO', 'NO', 'O_3', 'SO_2',
    'PM_2_._5', 'Dp'} )
xlabel ('变量名', 'FontName', '黑体')
ylabel ('袋外变量重要性', 'FontName', '黑体')
```

最终，模型的 MSE 值随树的数量变化情况如图 11-5 所示，可以发现此时模型整体的 MSE 均低于未选择自变量、未优化超参数之前。

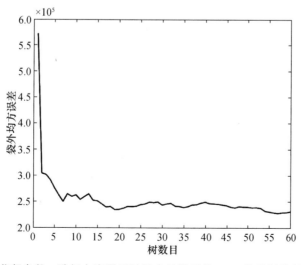

图 11-5 优化超参数、选择自变量后随机森林模型的 MSE 值随树的数量变化情况

最后，需要对建立的模型进行验证。这里使用最简单的直接验证法进行，即将数据集中的自变量代入模型中进行预测，将预测值与实测值进行对比，通过计算 MSE 等统计学参数进行评价。

```
%% 模型验证
clearvars -except X Y b5v
X_var = X (:, [1 2 4 5 6 8] );
Y_pre = predict (b5v, X_var);
for i = 1: size (Y, 1)
    SE (i, 1) = (Y (i) -Y_pre (i) ) ^2;
end
RMSE = sqrt (sum (SE) ./size (Y, 1) )
```

最后输出结果 RMSE = 467.0430。一般来说，对于一组正态分布或接近正态分布的变量，RMSE 低于其均数的 15%，模型的模拟结果就比较理想。如果想对模型进行进一步优化，可以考虑如下方法：① 将所有自变量进行归一化，然后进行正态化变换，使所有自变量都满足 [0，1] 区间的正态分布；② 增加自变量，适当引入其他相关的自变量，提高模型复杂程度；③ 使用交叉验证法建模，将数据集劈裂成多个子集，以扩大数据集中的数据量。建立模型后，可以将这个模型应用于估算全国主要城市颗粒物表面积的时空分布情况。在进行预测前，同样需要将各个城市的常规污染物浓度和气象数据进行匹配。考虑到模型中没有使用到 NO_2 和温度的数据，在匹配数据时可以直接删除。数据匹配完成后，可直接使用 predict 函数，调用优化后的模型进行预测。

```
clearvars -except b5v
[cityind1 cityname] =xlsread ('…\ example11_1 \ 站
    点信息 .xlsx');
cityind = cityind1 (:, 1);
metind = cityind1 (:, 3);
cityname = cityname (2: end, 2);
```

```matlab
a = 1;
for i = 1: size (cityind)
    try
        filename = strcat ('···\ example11_1 \ 气象 \ 导出
            \', num2str (metind (i, 1) ), ' - 99999 -
            2016.xlsx');
        if ~isempty (strfind (cityname {i}, '市') )
            city_name = cityname {i} (1: end-1);
        else
            city_name = cityname {i};
        end
        [C D] = xlsread (filename, 'avg_1d');
        polludata_filename = strcat ('···\ example11_1
            \ 常规 \ 各城市数据 \', city_name, '.xlsx');
        [A B] = xlsread (polludata_filename);
        PM25 = A (:, 5);
        SO2 = A (:, 6);
        NO = A (:, 7);
        O3 = A (:, 8);
        CO = A (:, 10);
        data = [CO NO O3 SO2 PM25];
        for k = 1: 12
            if k = =1 | k = =3 | k = =5 | k = =7 | k = =8
                | k = =10 | k = =12
                month_num = 31;
            elseif k = =4 | k = =6 | k = =9 | k = =11
                month_num = 30;
            else
                month_num = 28;
```

```
            end
        for j = 1: month_num
            ind1 = find (A (:, 2) = = k & A (:, 3)
                = = j);
            ind2 = find (C (:, 1) = = 2016 & C (:,
                3) = = j & C (:, 2) = = k);
            data_pollu (a,:) = data (ind1,:);
            DP (a,:) = C (ind2, 6);
            city_index (a,:) = cityind (i, 1);
            month_ind (a,:) = k;
            day_ind (a,:) = j;
            a = a + 1;
        end
    end
    catch
    end
end
final = [city_index month_ind day_ind data_pollu
    DP];
X = final (:, [4: 9]);
Y = predict (b5v, X);
pred_data = [final Y];
```

最终输出的 pred_data 中，包括城市的代码、时间、污染物浓度数据，以及对应估算的颗粒物表面积浓度数据，可以按照使用场景进行进一步处理。

11.2 图像灰度识别

11.2.1 灰度识别法与图像二值法

灰度化是将彩色图像转化为灰度图像的过程。对于一个彩色图像，其像素值由 R、G、B 三个参数决定，每个参数都有 $0 \sim 255$（256 种）情况，对于一个像素点而言就是一个由 R、G、B 三个维度组成的三维矩阵，像素值最多存在超过 1600 万种可能。这对于计算机而言，就需要使用大量资源计算像素点的信息。而灰度图是一种 R、G、B 三个分量值相同（$R = G = B$）的特殊的彩色图像，每一个像素点可以被描述为只有灰度一个维度的一维矩阵，其灰度值只有 266 种可能。所以在图像处理中，往往将各种图像转换成灰度图像以便后续处理，降低计算量。灰度图像的描述与彩色图像一样仍然反映了整幅图像的整体和局部的色度和亮度等级的分布及特征。

对于一张彩色图像而言，绝大多数像素点的 R、G、B 值都是不相等的，如图 11-6（彩插图 11-6）所示，是一张真彩图像提取各个通道的颜色后生成的灰度图像，可以看出如果将每个像素点的 R、G、B 值统一为一个数值，则其灰度无法反映出彩色图像的实际情况。

```
clear
img0 = imread ('…\ IMG_8067.JPG');
[R, G, B] = imsplit (img0);
figure
subplot (2, 2, 1)
imshow (img0)
title ('real color')
subplot (2, 2, 2)
imshow (R)
title ('Red Channel')
```

```
subplot (2, 2, 3)
imshow (G)
title ('Green Channel')
subplot (2, 2, 4)
imshow (B)
title ('Blue Channel')
```

图 11-6　真彩图（a）与其对应的红色通道（b）、绿色通道（c）以及蓝色通道（d）的灰度图像

　　常用的将彩色图像转换为灰度图像的方法包括：① 分量法，即如图 11-6 所示，用某颜色通道的值代替；② 最值法，用颜色通道的最大值进行替代；③ 算术平均法，用 R、G、B 的平均值进行替代；④ 物理光功率计算法，使用 gamma 校正法进行加权平均。其中，第④种方法是应用最广泛、准确度最高的方法，依据的原理是人的肉眼对绿色的敏感度最高、对蓝色的敏感度最低，其计算方法如公式（11-1）所示：

$$\text{gray} = \sqrt[2.2]{\frac{R^{2.2} + (1.5G)^{2.2} + (0.6B)^{2.2}}{1 + 1.5^{2.2} + 0.6^{2.2}}} \tag{11-1}$$

MATLAB 中内置了将图像的 RGB 值转换为灰度值的函数 rgb2gray，其原理是公式（11-2）所示的加权平均法。虽然与公式（11-1）的计算方法不同，但两种方法得到的结果基本相似。

$$\text{gray} = 0.2989 \times R + 0.5870 \times G + 0.1140 \times B \tag{11-2}$$

图 11-7（彩插图 11-7）是将图 11-6 中的真彩图转换为灰度图的结果，可以看出相比于单通道灰度图像而言，加权平均法更能反映实际图像的亮度、对比度等情况。

a. 真彩图   b. 灰度图

图 11-7　真彩图（a）与加权平均法计算得到的灰度图（b）

在对彩色图像进行灰度处理后，一个像素点仍然可以显示 256 种信息，而如果再将彩色图像转换为纯黑白图像，就可以将一个像素点的信息简化为 2 种（0 或 255），这种处理方法就叫作图像二值化。在数字图像处理过程中，图像二值化具有很高的重要性：① 图像的二值化可以使图像变得简单，减小一张图片的数据量，凸显出感兴趣的目标的轮廓；② 二值化图像可以忽略由于光影、异物等造成的误差，更好地体现出图像本体的内容。MATLAB 中，图像二值法包括全局二值化、局部二值化以及局部自适应二值化。

全局二值化是在包括目标物体、背景还有噪声的一幅图像中直接提取出目标物体，设定一个全局的阈值 T，用 T 将图像的数据分成两部分：大于 T 的像素群和小于 T 的像素群。将大于 T 的像素群的像素值设定为白色，小于 T 的像素群的像素值设定为黑色。全局二值化在表现图像细节方面存在很大缺陷。为了弥补这个缺陷，可以使用局部二值化的方法。

局部二值化指的是按照一定的规则将整幅图像划分为 N 个窗口，对这 N 个窗口中的每一个窗口再按照一个统一的阈值 T 将该窗口内的像素进行二值化处理。局部二值化的缺陷存在于统一阈值的选定。这个阈值无法直接通过计算得到，一般是设定为窗口的平均值。虽然局部二值化可以表现出更多的图像细节，但每一个窗口内仍然存在全局二值化的缺陷。

局部自适应二值化是在局部二值化的基础上，将阈值的设定更加合理化。该方法的阈值是通过对该窗口像素的平均值 E，像素之间的差平方 P，像素之间的均方根值 Q 等各种局部特征，设定一个参数化方程进行阈值的计算。这样得到的二值化图像可以在最大限度上保留细节。

11.2.2 灰度识别法的应用：冰核数据的处理

实验室评价浸润冻结模式下颗粒物的成冰能力通过冷台实验进行。将等量的液滴滴加在 90 孔板的每个小孔中，然后通过冷台对 90 孔板逐渐降温，使用数码相机记录下不同温度下 90 孔板的图像，记录在某个温度下有多少个小孔中的液滴冻结成冰。对冻结成冰的液滴进行计数的原理即未冻结和已冻结的液滴灰度存在显著差异，如图 11-8（彩插图 11-8）所示。

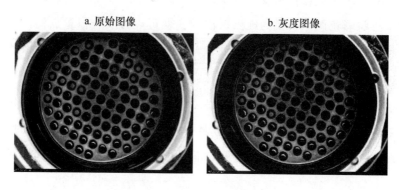

图 11-8　冷台实验的原始图像（a）及对应的灰度图像（b）

在图 11-8 中，可以发现已经冻结成冰的液滴在灰度图像中呈现白色，未冻结的液滴则呈现黑色。同时，由于拍摄图像很大程度上会受到环境光线强度的影响，因此需要考虑消除背景影响。将图 11-8 中的灰度图像进行二值化，可以清晰地看出已冻结和未冻结液滴的差异，如图 11-9 所示。

图 11-9 图像二值化后的灰度图

在二值化图像中，已冻结的液滴为白色，未冻结的液滴为黑色，或由于光的反射造成同时存在黑、白两种颜色。在一次实验中，图像的位置不会发生变化，因此可以对图像进行差减，找到二值化突变的像素点，即液滴发生冻结。文件 example11_2 中是某次冷台实验得到的图像，第 1 张图片的起始温度为 −5.5 ℃，每张图片的温度差为 0.2 ℃，要求对不同温度下冻结液滴的个数进行计数。

```
clear
% 选择数据文件夹
maindir=uigetdir ();
cd (maindir)
RawFile=dir ('* * /* .jpg');% 提取所有文件
AllFile=RawFile ( [RawFile.isdir] ==0);
if isempty (fieldnames (AllFile) )
    fprintf ('There are no files in this folder! \n');
else% 当前文件夹下有文件，反馈文件数量
    fprintf ('Number of Files: % i \n', size (All-
        File, 1) );
end
n=length (AllFile);
```

```
fileNames = {AllFile.name}';
backimg = imread ('01.jpg');% 设置第一张图片为背景图像
backimg = im2bw (rgb2gray (backimg), 0.3);
% 读取图像
for i = 2: n
    filename = strcat ('0', num2str (i), '.jpg');
    img0 = rgb2gray (imread (filename) );
    bw = imbinarize (img0, 0.2) - backimg;% 图像二值
        化, 并扣除背景
    bw = bwareaopen (bw, 60);% 使用形态学函数消除噪音
    bw = imfill (bw, 'holes');% 填充空洞, 使形状更完整
[B, L] = bwboundaries (bw, 'noholes');
imshow (label2rgb (L, @ jet, [.5 .5 .5] ) )
hold on
for k = 1: length (B)
    boundary = B {k};
     plot (boundary (:, 2), boundary (:, 1), ' w',
      'LineWidth', 2)
end
stats = regionprops (L, 'Area', 'Centroid');
threshold = 0.6;
% 循环边界
for k = 1: length (B)
    % 寻找圆的边界, 并存储在 boundary 变量中
    boundary = B {k};
    % 确定检测到的图形是否近似满足圆形
    delta_sq = diff (boundary) .^2;
    perimeter = sum (sqrt (sum (delta_sq, 2) ) );
    % 计算检测到图形的面积
```

```
    area = stats (k) .Area;
    % 计算形状系数
    metric (k, 1) = 4 * pi * area / perimeter^2;
    % 显示结果
    metric_string = sprintf ('% 2.2f', metric);
    if metric > threshold
        centroid = stats (k) .Centroid;
        plot (centroid (1), centroid (2), 'ko');
    end
  end
  num (i, 1) = numel (find (metric > 0.4) );% 认为形状
    系数大于 0.4 的就是圆形
  end
  num (1, 1) = 0;
```

最终，识别出的数量为圆形的个数，即按照冻结的液滴在二值化图像中显示为白色的原则，统计图像中显示为白色的圆形数量。但是这一方法会带来一定的不确定性，主要体现在：① 图像进行二值化时，选择的阈值 T 可能需要手动调整；② 扣除背景时，可能会识别出其他圆形，可以通过手动设置液滴的直径来减小这种误差；③ 上述程序形状系数的选择标准宽松（0.4），可能将部分噪声识别为数据点。读者可根据实际情况，对程序进行进一步优化，以尽可能提高识别效率。